COURS D'ÉTUDES SCIENTIFIQUES
A L'USAGE DES CLASSES DE LETTRES

ÉLÉMENTS

D'HISTOIRE NATURELLE

DES VÉGÉTAUX

Rédigés conformément aux programmes officiels
du 2 août 1880

POUR LA CLASSE DE HUITIÈME

PAR

H. BAILLON

Professeur à la Faculté de Médecine de Paris.

⸻ ❧ ⸻

OUVRAGE ILLUSTRÉ DE FIGURES INTERCALÉES DANS LE TEXTE

⸻ ❧ ⸻

PARIS
LIBRAIRIE HACHETTE ET Cie
79, BOULEVARD SAINT-GERMAIN, 79

NOTIONS ÉLÉMENTAIRES

DE BOTANIQUE

PARIS. — IMPRIMERIE ÉMILE MARTINET, RUE MIGNON, 2.

NOTIONS ÉLÉMENTAIRES

DE BOTANIQUE

**Rédigées conformément aux programmes officiels
du 2 août 1880**

POUR L'ENSEIGNEMENT DE LA BOTANIQUE

DANS LA CLASSE DE HUITIÈME

PAR

H. BAILLON

Professeur à la Faculté de médecine de Paris

DESSINS DE A. FAGUET

PARIS

LIBRAIRIE HACHETTE ET Cᴵᴱ

79, BOULEVARD SAINT-GERMAIN, 79

1881

Droits de propriété et de traduction réservés

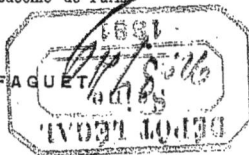

INTRODUCTION

La *Botanique* est la science qui étudie les *plantes* ou *végétaux*.

Comme toutes les sciences naturelles, c'est une science d'*observation*. C'est-à-dire qu'elle ne s'apprend qu'en observant les plantes elles-mêmes, et les objets en main. Le livre ne doit fournir que des indications qu'il faut contrôler sur la plante ou sur la partie de la plante qu'on veut connaître.

La botanique est une étude dont les débuts sont faciles, et la plus agréable des sciences. Il suffit d'ouvrir les yeux aux beautés et aux merveilles des fleurs et des autres parties des plantes. On est récompensé, dès les premiers efforts, par la connaissance d'une foule de choses utiles et charmantes, qu'on voit clairement et qu'on n'oublie pas facilement quand on les a une fois bien vues.

Les fleurs d'un bouquet, celles qu'on cultive en pots dans les appartements, les plantes d'un jardin ou d'un parterre, celles, bien plus nombreuses et bien plus utiles, dont la campagne est couverte, tels sont les objets d'étude que le botaniste rencontre à

chaque pas. On a pu dire des études botaniques ce
qu'un grand orateur latin avait écrit des belles-
lettres : elles sont un refuge et une consolation contre
les chagrins de la vie ; elles embellissent le bonheur
même, elles nous charment pendant les voyages, elles
nous accompagnent aux champs[1].

Rien n'est charmant comme le départ pour la
campagne d'une bande d'enfants, allant, sous la
conduite de leurs parents ou de leurs maîtres, herboriser dès les premiers jours du printemps. Vêtus
simplement et solidement chaussés, ils s'embar-
quent, la *boîte à herboriser* sur le dos, décidés à la
rapporter pleine de plantes plus jolies et plus intéressantes les unes que les autres. L'air est quelquefois encore un peu frais et piquant au mois de mars
ou d'avril. Mais le soleil brille et réjouit déjà les
promeneurs ; et puis, l'on compte bien se réchauffer
en marchant ferme au grand air, et l'on est sûr de
rapporter à la maison de bonnes joues fraîches et
roses et un excellent appétit.

La température a été suffisante d'ailleurs pour
faire éclore, dans les bois et les prairies, une foule
de *Violettes* (fig. 1). On en cueille de gros bouquets
qu'on conservera toute la semaine à la maison, en
souvenir de cette promenade, et pour sentir ce dé-
licieux parfum qui se dégage de la fleur. On remarque qu'il n'y a d'odorant dans ces fleurs que les
lames violettes qui forment sa *corolle*, et que celle-ci
se tourne d'un côté seulement, portant sur son dos

---

1. « Adversis perfugium et solatium præbent, secundas res ornant,
nobiscum peregrinantur, rusticantur. » (Cicéron, *Pro Arch. poet.*).

une sorte de corne ou d'éperon. On rencontre d'autres
Violettes à corolle un peu plus pâle (fig. 2) et qui
sont *inodores*, et l'on remarque que c'est une autre
espèce. Quelquefois on trouve des Violettes à fleurs
odorantes, mais blanches ou d'un rose terne ; ce sont
des *variétés* de la Violette odorante. Avec un bon

Fig. 1. — *Violette odorante*.

couteau ou quelque instrument spécial, on arrache
un pied entier de Violette, pour le conserver en le
faisant sécher dans un livre ou entre des feuilles de
papier. On distingue, à côté des fleurs des Violettes,
leurs feuilles, avec leur queue et leur lame verte,
arrondie, et l'on note que fleurs et feuilles sont portées sur une petite tige trapue au-dessous de laquelle
se trouve la racine qui fixe la plante à la terre et qu'on

n'obtient entière qu'en creusant un peu profondément.

FIG. 2. — *Violette inodore.*

Il y a des endroits des bois où l'on trouve encore en fleurs le *Perce-neige* (fig. 3), qui a précédé la Violette et qui a des fleurs en forme de jolies clochettes blanches, bien régulières. On en fait des bouquets qui se conservent longtemps dans l'eau. Mais on arrache aussi la plante, sans briser ses fines racines, et l'on voit que celles-ci s'attachent au-dessous d'un *oignon* qu'on peut rapporter à la ville pour le planter dans son

FIG. 3.
Perce-neige.

jardin ou dans un pot, afin qu'il nous donne de
nouvelles fleurs au re-
tour du printemps pro-
chain. Peut-être aussi ses
fleurs produiront-elles
des fruits; et, de toute
façon, il restera quel-
quefois après elles les
feuilles, étroites lanières
d'un vert pâle, qui n'ont
pas la forme arrondie de
celles de la Violette.

Dans beaucoup de bois
aussi, il y a déjà des
Renoncules, notamment
la *Renoncule - Ficaire*
(fig. 4 et 5), qui a des

FIG. 4. — *Renoncule-Ficaire*.
B, bulbille.

FIG. 5. — *Renoncule-Ficaire*. Tige feuillée portant un bulbille.

feuilles arrondies comme celles de la Violette,

mais plus épaisses et plus luisantes, et des fleurs
jaunes, régulières, qui se ferment et ressemblent à

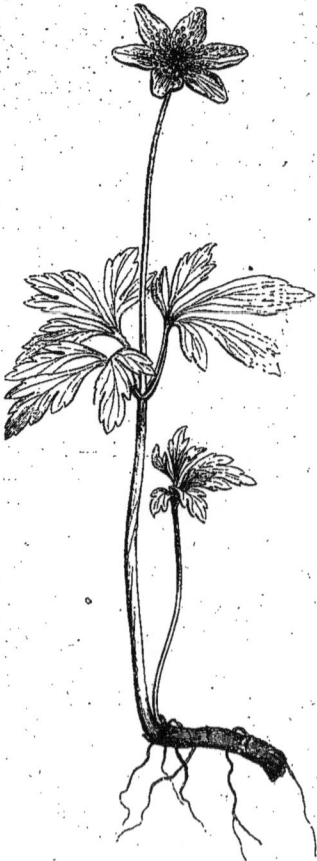

FIG. 6. — *Anémone-Sylvie*.

un petit volant quand le temps n'est pas très clair,
mais qui s'étalent largement au soleil comme une

petite étoile d'or. On arrache la Ficaire pour observer
ses petites racines épaisses et renflées, et aussi, tout

FIG. 7. — *Renoncule ou Bouton d'or.*

contre la base de ses feuilles, de petits renflements
ou bulbilles, gros comme un pois, qui sont bien

rares dans la portion aérienne des autres plantes.

A cette époque, toute une forêt est parfois parsemée des jolies fleurs en étoile, blanches ou rosées, de

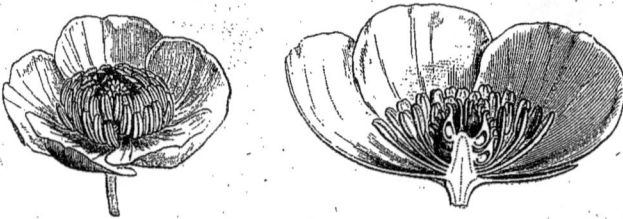

FIG. 8 ET 9. — *Renoncule* ou *Bouton d'or*. Fleur entière
et coupée en long.

l'*Anémone-Sylvie* (fig. 6). Tout le monde remarque
qu'elles ressemblent beaucoup à celles de la Ficaire;
mais leurs parties ne sont pas aussi nombreuses, et

FIG. 10 ET 11. — *Renoncule* ou *Bouton d'or des marais*, à fleur
renflée au centre, entière et coupée en long.

celles qui sont en dessous ne présentent pas une teinte
verdâtre; et puis, dans la Sylvie, il y a, un peu au-
dessous de la fleur, une fine collerette de trois petites feuilles découpées, qui ne se voient pas dans

la Ficaire. Quand la saison sera plus avancée, les prés, les gazons, les bords des chemins et des fossés seront souvent couverts d'autres Renoncules que la Ficaire, à fleurs jaunes comme les siennes, qu'on appelle des *Boutons d'or* (fig. 7-11), à feuilles très différentes suivant les *espèces*, à tiges dressées ou ram-

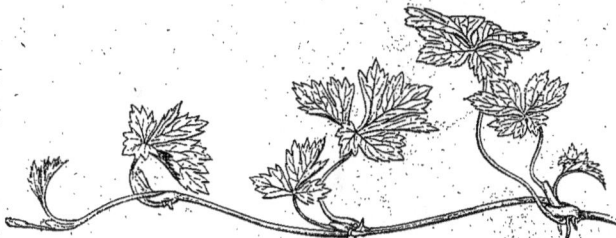

FIG. 12. — *Renoncule rampante*. Branche feuillée.

pant sur le sol (fig. 12) ; et il faudra suivre l'avis des personnes qui, connaissant bien les Renoncules, savent qu'elles sont dangereuses et qu'on ne doit pas en porter les fleurs à la bouche.

Quand, à cette époque, on se promènera dans les jardins où se montrent déjà quelques fleurs, on remarquera, parmi celles-ci, des *Pensées* qui sont presque pareilles aux Violettes par leurs fleurs, sinon que les Pensées sont plus grandes, plus étalées, de couleur plus variable, avec du blanc, du jaune ou des taches pourprées sur la corolle ; mais on verra facilement que la Pensée est une *espèce* de Violette. De même il y aura à ce moment dans les parterres des Anémones qui rappelleront beaucoup la Sylvie : les unes avec des fleurs de petite taille, blanches, roses ou bleu de ciel ; avec de petites feuilles à trois lobes :

ce sont des *Anémones hépatiques*; les autres, avec

FIG. 13. — *Pivoine.* — 1. Branche fleurie. 2. Fleur passée. 3. Racines renflées. 4. Fruit. 5. Graine. 6. Graine coupée en long.

de grandes fleurs rouges, roses, violettes ou blanches, tachées parfois au centre de quelque couleur
plus foncée : ce sont des *Anémones des jardins*,
qu'on fait pousser en plantant, avant l'hiver, des
pattes brunes et renflées sur lesquelles il vient de
fines racines. Dans les jardins aussi, il y aura bientôt
des Pivoines (fig. 13), qui ressemblent beaucoup aux
Anémones, sinon que leurs fleurs ont en dehors de
petites feuilles vertes, et plus intérieurement de plus
grandes feuilles rouges ou
blanches. Rien n'est utile
comme de s'habituer à constater les ressemblances et
les différences qui existent
entre les plantes des champs
et les plantes analogues
des jardins. On acquiert
ainsi la faculté de *comparer*,
qui fait plus tard non seulement les grands savants,
mais encore, dans l'exer-

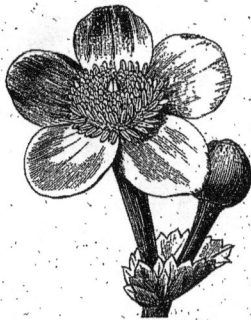

FIG. 14.— *Populage des marais.*
Fleur et bouton.

cice de toutes les professions, les bons observa-
teurs, les hommes à l'esprit droit et juste, ceux qui
ont le plus de chance de réussir et de briller dans
la carrière qu'ils choisiront.

Pendant la belle saison, les eaux sont remplies de
plantes, généralement fort intéressantes et qu'il faudra examiner avec soin. Dès le printemps, les fossés
et les marais peuvent nous montrer le *Populage*, aux
grandes fleurs jaune d'or (fig. 14), dont les enfants
vont, dans le Nord, faire, dans les prés humides,
d'énormes guirlandes, et dont la fermière se sert

parfois pour donner au beurre une belle couleur.
C'est une plante qui ressemble beaucoup en grand à
une Renoncule; et, plus tard, pendant tout l'été, on
verra flotter sur l'eau des fossés de charmantes
Renoncules à fleurs blanches (fig. 15) et à feuilles

FIG. 15. — *Renoncule d'eau* ou *Grenouillette*.

ténues comme des cheveux. Pour le jeune natura-
liste, les eaux sont aussi curieuses à explorer que la
surface de la terre, et nous ne manquerons pas de
revenir sur les plantes qu'on peut y pêcher.

Il ne faut pas, même à cette époque, passer sous
les arbres sans chercher à apercevoir leurs fleurs.
Beaucoup d'entre eux, quoique dépouillés de feuilles,
portent déjà des épis, semblables à une petite queue

de chat, de fleurs peu brillantes, mais ordinairement très nombreuses. Au moment même de la floraison des Violettes, les *Saules* dessinent sur le fond des bois leurs petits *chatons*, les uns verts (fig. 17) et les

FIG. 16. — *Saule à chatons jaunes* (mâles).

FIG. 17. — *Saule à chatons verts* (femelles).

autres jaunes (fig. 16). Les premiers seuls donneront des fruits, avec des graines qui sont couvertes d'une aigrette de poils (fig. 18). De même les *Peupliers* (fig. 19, 20) sont alors chargés de chatons rougeâtres ou verdâtres. Ceux-ci sont également les seuls qui

donneront des fruits, d'où vont s'échapper, au bout
de quelques semaines, des graines
couvertes d'un duvet cotonneux ;
la terre en sera même entièrement
recouverte au voisinage de certains Peupliers. Les *Bouleaux*
(fig. 21) portent également alors

FIG. 18. — *Saule.*
Graine.

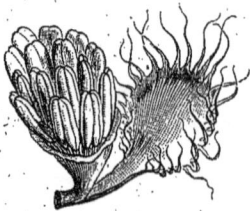

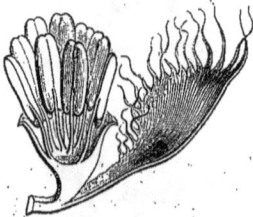

FIG. 19 ET 20. — *Peuplier.* Fleur
entière et coupée en long.

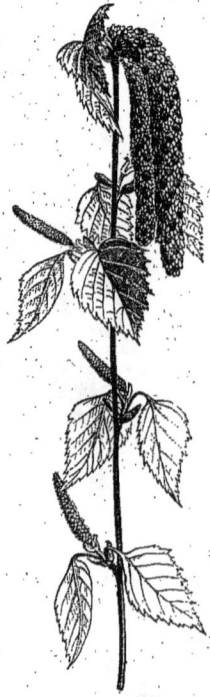

FIG. 21. — *Bouleau.*
Branche fleurie.

des châtons de fleurs. Les *Ormes* (fig. 22-25) sont

aussi en fleurs dès cette époque. On les voit, sur
les boulevards et dans les bois, chargés de petites
boules rougeâtres qui sont des amas de fleurettes
(fig. 23); et bientôt leur succèderont des lames

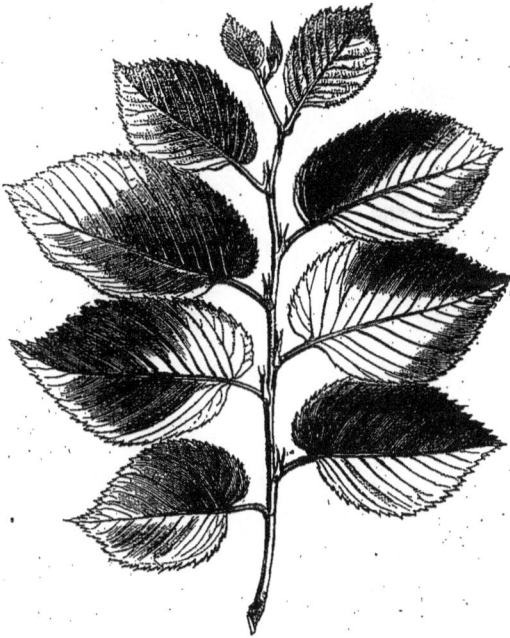

FIG. 22. — *Orme.* Branche portant des feuilles.

courtes et vertes qu'on prendrait de loin pour des
feuilles jeunes, si, en les examinant avec attention,
on ne voyait qu'elles ont un centre plus épais que
les bords amincis et qui renferme une petite graine.
Ce sont en effet de jeunes fruits ailés (fig. 24, 25)

et non les feuilles qui, elles, sont dentelées, ne

FIG. 24.
Orme. Fruit.

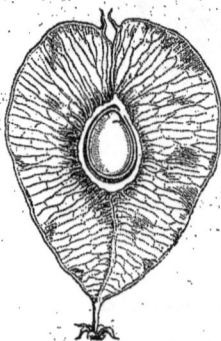

FIG. 25. — *Orme*. Fruit grossi.
Le centre renflé est ouvert
pour montrer la graine
qu'il renferme, logée dans
une cavité spéciale.

FIG. 23. — *Orme*.
Branche fleurie.

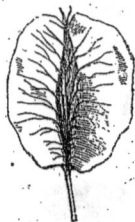

portent pas de graines et ne grandiront que plus
tard (fig. 22).

Les *Noisetiers* (fig. 26, 27) commencent alors aussi à se couvrir de jeunes feuilles qui sortent de leurs bourgeons. Il est souvent trop tard pour apercevoir, dans toute leur fraîcheur, leurs longs chatons jaunes et pendants (fig. 26) ; ils sont déjà en partie desséchés ou tombés sur la terre. Mais les jeunes noisettes, que l'on pourra manger à l'automne, se voient

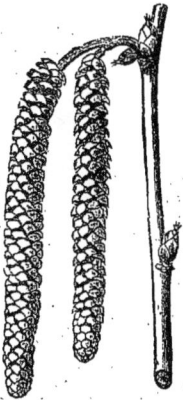

FIG. 26. — *Noisetier.*
Chatons jaunes (mâles).

FIG. 27. — *Noisetier.* Fleurs
qui deviendront les noisettes.

déjà sur le bois des branches ; on les reconnaît à un double petit panache rouge (fig. 27) qui couronne chacune d'elles. De sorte que déjà à une époque où les gens peu attentifs ne voient rien dans les bois que des branches mortes ou engourdies, le jeune botaniste qui observe tout, qui examine tout, qui cherche à se rendre compte de tout, a appris à connaître et à distinguer les uns des autres cinq arbres fleuris, cinq arbres communs et utiles : le Saule, le Peuplier, le Bouleau, l'Orme et le Noisetier.

Il y a d'autres arbres, bien plus faciles encore à
reconnaître : ce sont les *arbres verts*, qui même en
plein hiver ne perdent pas leurs feuilles, et que
nous apprendrons bientôt à distinguer les uns
des autres : ce sont des Pins, des Sapins, des Ifs,
des Genévriers, tous remarquables encore par

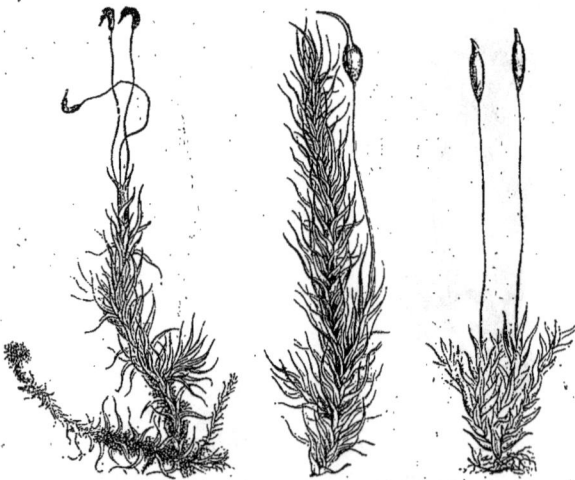

FIG. 28, 29 ET 30. — *Mousses diverses.*

leur odeur de résine plus ou moins prononcée.

Il ne faut pas non plus négliger les plantes, ordinairement de petite taille, qui ne fleurissent pas,
qui n'ont pas de véritable fleurs, et qu'on appelle des
Cryptogames. Dès la fin de l'hiver il y en a déjà
beaucoup dans la campagne et surtout dans les bois.
Les clairières sont quelquefois toutes vertes parce
qu'il s'y est développé un tapis de Mousses (fig. 28,
29 et 30). Leurs petites feuilles sont des plus élé-

gantes et souvent déjà aussi elle portent, au bout
d'un brin mince et flexible, une sorte de petite poche
ou d'*urne*. Ailleurs, le sol est couvert de plaques
jaunes formées par d'autres Mousses dont l'urne est
penchée. Ces plantes sont faciles à sécher dans un
livre. Un peu plus tard, il y aura dans les bois beau-

FIG. 31, 32. — *Hépatiques.*

coup de jolies *Fougères* (fig. 33) au feuillage élégant,
qui se conservent très bien appliquées sur une
feuille de papier. Le sol des cours humides ou des
murailles est couvert de plaques vertes qui portent
elles-mêmes d'élégantes petites coupes ou corbeil-
les; ce sont des *Hépatiques* (fig. 31, 32), bien faciles
également à dessécher. Dès le premier printemps,

il y a presque par tous les bois, les gazons, des *Champignons*, plantes singulières, souvent en forme de chapeau, qui sont blanches, jaunes, grises, rougeâtres, mais jamais de la couleur ver te des feuilles. Ce sont des plantes tout à fait exceptionnelles p ar leur coloration et leur forme ; mais il ne faut pas les négliger. B e a u c o u p d'entre elles sont fort véneuses ; il faut s'informer de leurs qualités, apprendre à les

FIG. 33. — *Fougère.*

bien connaître. Quelques-unes sont excellentes à manger, notamment les Morilles, que l'on cueille à cette époque, sur le gazon des pelouses, et qui ont une sorte de tige épaisse et charnue, surmontée d'une masse ovoïde toute couverte de taches déprimées et brunes. Quand une fois on connaît bien les Champignons, on peut en cueillir une bonne provision pour les rapporter à la maison et les employer comme ail-

ment; mais il faut être prudent et ne jamais porter
à la bouche un champignon dont on n'est pas sûr.

Que de richesses déjà dans la nature ! Et cependant, nous n'en sommes
qu'à la première de nos
promenades botaniques.
Le gazon qui semblait presque partout mort et des-
séché, dans la plaine et dans
les bois, va reverdir et
fleurir même en certains
points avec une rapidité
extrême. Pour l'ignorant,
toutes ces plantes à feuilles
fines, droites, qui le forment, c'est de l'herbe tout
bonnement. Pour celui qui
est attentif, qui veut se rendre compte de tout, c'est
un mélange de bien des
plantes différentes. Certaines d'entre elles, aux baguettes arrondies, flexibles,
et qui recherchent surtout
les endroits humides, ce
sont des *Joncs* (fig. 34), dont
les jardiniers se servent
pour attacher les plantes
qu'ils cultivent. Dès avril,
les bois sont parsemés de

FIG. 34. — *Jonc.*

petites plantes fleuries, analogues à celles-ci; ce
sont des *Luzules* (fig. 35), avec des fleurs minus-

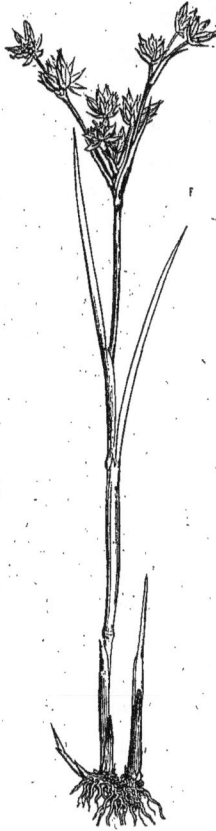

cules, sans éclat, formant comme des petites grappes
jaunâtres ou brunâtres. Et cependant, il faut d'autant
plus les récolter alors que plus tard on ne pourrait
plus les trouver fleuries; elles n'auraient plus que
des fruits. Il y a aussi, dans les prairies, sur le bord
des eaux, des her-
bes à tiges angu-
leuses et qui cou-
pent parfois les
doigts de ceux qui
les arrachent ma-
ladroitement. Ce
sont des *Laiches*,
qu'il faut aussi
conserver pour les
étudier ultérieu-
rement.

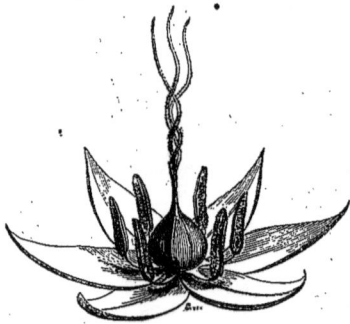

FIG. 35. — *Luzule*. Fleur très grossie.

C'est bien là ce que devra faire remarquer à ses
élèves le maître qui les accompagne et les dirige.
Quand la prairie sera tout émaillée de fleurs, quand il
y en aura plus de cent espèces dans les bois, il sera
bien plus difficile de les distinguer les unes des
autres. C'est au fur et à mesure de leur apparition
qu'il faut les observer et les différencier de celles qui
les avaient précédées. Les jardins, les vergers vont
se couvrir, au mois de mai, des innombrables fleurs
de nos arbres fruitiers : les Abricotiers, les Poiriers,
les Alisiers (fig. 38), les Pruniers (fig. 36). Celles des
Pêchers et des Amandiers (fig. 37) sont plus précoces
encore. Ce sont autant de petites Roses simples en
miniature, de couleur blanche ou carnée, qu'il faudra
plus tard comparer avec les véritables Roses simples

Fig. 37.

Fig. 36.

Fig. 38.

Rosacées à floraison précoce. — Fig. 36. *Prunier Putiet.*
Fig. 37. *Amandier.* — Fig. 38. *Alisier.*

ou Églantiers de nos haies et de nos bois. Mais il n'y a pas encore de Roses au premier printemps, et il faudra, dès cette époque, cueillir et faire cueillir par les élèves des bouquets fleuris de tous nos arbres fruitiers pour les conserver et comparer plus tard les fleurs avec celles de nos Rosiers.

Il y a plusieurs moyens de conserver ces fleurs. Le meilleur consiste à les plonger dans un petit flacon ou un tube bien bouché qu'on remplit ensuite d'esprit-de-vin mélangé d'eau. La forme des fleurs est ainsi parfaitement préservée, ainsi que leur consistance; leur coloration seule disparaît plus ou moins complètement. La fleur y perd sans doute la plus grande partie de sa beauté; mais le maître fera comprendre aux enfants de combien peu d'importance est ce caractère quand on ne conserve la fleur qu'au point de vue de l'étude de ses parties. Le maître sera prévoyant pour ses élèves, et c'est lui surtout qui devra pour l'avenir faire bonne provision de ces plantes à garder, qui ne devront être examinées que dans quelques mois peut-être.

Un autre moyen de conserver les plantes, c'est l'herbier. Le maître fera voir aux élèves comment il faut choisir une ou plusieurs branches de la plante, telle qu'on y voie les feuilles, les fleurs, les boutons et les fruits, ou bien aussi la racine, si cela est possible, ou toute autre partie qui a de l'importance dans l'espèce dont on s'occupe. Il leur indiquera un bon papier buvard, propre à la dessiccation des plantes; il leur montrera comment on étale avec soin leurs parties avant de les comprimer dans le papier; comment, avec une planchette et une pierre, on peu, sans appareil spécial, presser suffisamment les plantes que l'on a récoltées; comment il faut changer le papier quand il est trop humide; comment ensuite on fixe la plante sur un papier blanc, avec le nom qu'elle doit porter ou les principales indications relatives à l'endroit où elle a été récoltée, à l'époque de sa floraison, à ses usages, à ses propriétés; comment, en un mot, l'élève peut composer un petit *herbier* qui sera son œuvre, qu'il pourra montrer aux siens avec une certaine satisfaction, qu'il pourra feuilleter l'hiver alors que les plantes ont disparu presque toutes de la campagne endormie, et que plus tard peut-être, dans l'hiver de la vie, il aimera encore à revoir, en souvenir de ces jeunes années qui ne reviennent pas et qui sont presque toujours (il ne faut pas rire des personnes âgées qui l'assurent) les plus heureuses de la vie. Tournefort (fig. 39), Adanson (fig. 40), Jussieu (fig. 41), qui étaient trois grands botanistes français, ont ainsi recueilli des herbiers précieux qui sont encore conservés de nos jours et qui nous laissent un souvenir matériel de leurs glorieux travaux.

C'est un grand plaisir encore que d'échanger avec ses amis les plantes qu'on a ainsi rassemblées. Il y a des fleurs plus belles et plus rares que les autres que tout le monde n'est pas assez heureux ou assez adroit pour rencontrer dans une excursion. Celui qui cherche le mieux, au pied des arbres, ou sous les buissons, ou parmi les touffes d'herbes qu'il faut écarter les unes après les autres, celui qui est le plus patient, qui se donne le plus de peine, qui suit le mieux les conseils des personnes qui s'y connaissent,

est ici, comme dans la plupart des circonstances de
la vie, celui qui réussit le mieux. Une plante plus jolie, ou plus utile, ou plus intéressante que les autres
existe-t-elle dans un endroit, c'est presque toujours
lui qui la trouve. Il en cueille plusieurs branches,
plusieurs fragments; il les prépare tous à la fois
pour son herbier, de sorte que plus tard il en a en
double pour ses amis, ses camarades; il prend plaisir à partager avec eux ses richesses.

Il importe de munir le jeune botaniste d'un petit
outillage sérieux pour la récolte des plantes. Un bon
couteau, un peu fort et à lame un peu longue, qui
est d'ailleurs si utile dans une promenade à la campagne, peut fort bien, comme nous l'avons dit, suf-
fire à arracher convenablement la plupart des plantes.
Il vaut mieux cependant encore, dans bien des cas,
avoir un de ces instruments spéciaux, de forme
très variable, qu'on appelle un *piochon*.

Il ne faut pas tenir trop longtemps à la main les
plantes cueillies, à la façon d'un bouquet. Elles se
fanent vite, surtout dans les chaudes journées, et
la plupart de leurs caractères sont altérés. Il faut
que chacun porte sur le dos sa *boîte à herboriser*.
Elle est d'ordinaire en fer-blanc verni, suspendue
par une courroie solide. Il est bon qu'elle com-
prenne un petit compartiment distinct pour placer
les fruits, les graines, les insectes, les pierres qu'on
pourrait trouver en chemin. Il n'est pas inutile
qu'elle renferme une loupe à main, des épingles, de
la ficelle, du papier pour inscrire le nom des plantes,
faire des cornets pour envelopper les semences à
conserver; sans compter qu'au départ on peut y

loger son déjeuner qu'on sera peut-être forcé de manger sur l'herbe; et même son petit livre de

FIG. 39. — *Tournefort*, botaniste français, né en 1656, mort en 1708.

Botanique, qu'on pourrait bien avoir besoin de con- sulter en route. Dans une bande d'élèves qui bat les

prés et les bois, il y en a toujours qui n'ont rien, qui
ont tout oublié à la maison, qui ont jugé bien inutile d'emporter quoi que ce soit ; et d'autres, au contraire, qui ne manquent de rien, qui ont toujours
à offrir à un camarade en détresse un couteau, un
crayon, une épingle, un morceau de pain ou de gâ-
teau. Ce sont les mêmes qui, plus tard, artisans,
soldats, voyageurs ou savants même, auront toujours
songé à tout, feront le mieux toutes choses, arrive-
ront le plus sûrement au but, seront les hommes
les plus sérieux, comme ils auront été les enfants les
plus ordonnés. Et les envieux diront qu'ils ont eu
plus de bonheur que les autres !

C'est surtout aux maîtres qu'il appartient d'incul-
quer patiemment aux enfants des habitudes d'ordre,
de patience, de méthode, d'observation. Qu'on nous
permette de répéter ici ce que nous avons dit ailleurs : « Dès le début de ses leçons et dans tout le
courant de cette année d'études, le professeur exi-
gera que ses élèves prennent l'habitude de ne jamais
rien admettre, deviner ou répondre au hasard. Ils
devront voir les plantes, observer les faits, ne dire
et ne croire que ce qu'on leur aura mis devant les
yeux. On doit, avant tout, développer en eux l'esprit
d'observation, d'exactitude et de précision. Toutes
les plantes précédemment étudiées devront donc,
autant que possible, leur être remises en grande
quantité ; le professeur tâchera de les faire planter
et cultiver dans les jardins ou les cours de l'établis-
sement ; il serait précieux que les élèves pussent les
y cultiver eux-mêmes. Pendant les récréations et les
promenades, les élèves récolteront les fleurs, fruits

et autres produits végétaux qu'on rencontre fré-

FIG. 40. — *Michel Adanson*, botaniste français,
né en 1727, mort en 1806.

quemment partout. Il serait bon que chacun d'eux
eût un petit herbier fait de sa main, renfermant au

moins celles des plantes dont on aura parlé dans le cours, bien nommées, avec leurs différentes parties, feuilles, fleurs, fruits, graines, nettement préparées; et le professeur consacrera une ou plusieurs classes par mois à l'examen et à la détermination de ces petites collections. Les arbres plantés dans les cours de l'école, les fleurs des parterres, les herbes les plus humbles qui forment les gazons, la moindre mousse, moisissure, etc., qui se rencontrent sur les murailles ou les pavés des cours, doivent être attentivement observés par l'élève, auquel on indiquera de quelle plante étudiée dans le cours il doit rapprocher l'objet qu'il a recueilli, pourquoi le végétal qu'il apporte est cryptogame, phanérogame, monocotylé, dicotylé, etc., et d'où viennent les erreurs qu'il peut commettre en cherchant à établir entre ces différents objets une première comparaison souvent trompeuse. »

Je sais bien que le maître aura beaucoup de peine. Il faut être soi-même bien aguerri et avoir beaucoup approfondi une science spéciale pour l'enseigner clairement et nettement à de jeunes commençants. Faut-il espérer que ceux qui président chez nous à l'instruction des jeunes générations exauceront ce vœu exprimé, en tête de ses programmes, par le Conseil supérieur de l'instruction publique, « que l'enseignement des sciences soit donné, dès la sixième, par des professeurs spéciaux, aussitôt que l'administration disposera d'un personnel assez nombreux et de ressources suffisantes » ? Dans ces conditions même, le rôle du professeur ne sera point facile. Mais, outre que son courage doit être soutenu

par la grandeur du but à atteindre : donner à la
patrie des hommes sérieux, dont elle a un si grand

FIG. 41. — *Antoine-Laurent de Jussieu*; botaniste français,
né en 1748, mort en 1836.

besoin, j'imagine qu'il est plus aisé encore d'inspi-
rer de l'affection à un enfant en lui dévoilant l'organi-

sation de la Paquerette (fig. 42), de la Rose et de la

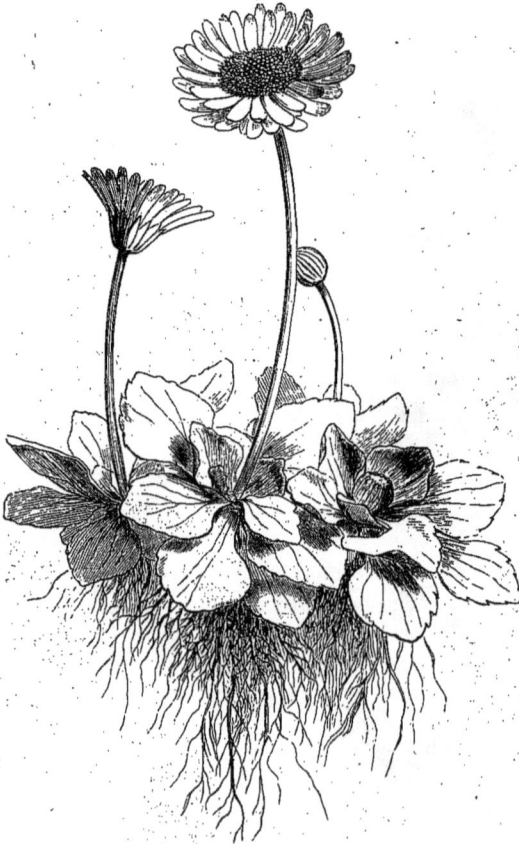

FIG. 42. — *Pâquerette* ou *Petite Marguerite.*

Violette, qu'en le promenant dans le *Jardin des racines grecques.*

NOTIONS ÉLÉMENTAIRES

DE BOTANIQUE

I

LA GIROFLÉE JAUNE

La *Giroflée jaune* (fig. 43) est une des plus jolies plantes à floraison précoce que l'on cultive dans nos jardins. Ses fleurs se vendent en abondance dans les rues de Paris; elles se font remarquer par leur parfum, analogue à celui des violettes; d'où les noms vulgaires de *Violier jaune* et de *Violette-Giroflée*. Elles sont d'un beau jaune d'or dans la plante croissant à l'état sauvage, notamment sur les vieilles murailles, comme l'indiquent les noms de *Murer* et *Murayer*. Mais souvent, dans la plante cultivée, elles deviennent plus ou moins brunes ou panachées de pourpre; ce qui constitue des *variétés*.

La portion de la fleur qui présente ces colorations et cette odeur est formée de quatre lames délicates, disposées en croix (fig. 44). C'est de là que sont venus les noms de *Cruciformes* et de *Crucifères*, appliqués à toutes les plantes dont les fleurs ont le plus d'analogie avec celles de la Giroflée jaune.

Mais ces parties les plus évidentes de la fleur n'en sont pas les plus extérieures. En dehors d'elles, il y en a quatre plus petites et en partie cachées par elles lorsque la fleur est complètement ouverte. Ces parties, plus

Fig. 43. — *Giroflée jaune.* Branche portant des feuilles alternes
et des fleurs.

courtes, plus épaisses, dépourvues d'odeur agréable, et
dont la couleur est verdâtre ou sombre et terne, étaient
les seules qu'on aperçût dans la fleur *en bouton*. Elles
sont aussi disposées en croix. On les appelle les *sépales*
et leur ensemble constitue le *calice* de la Giroflée (fig. 44,
45). Remarquons que ces quatre sépales sont indépendants les uns des autres, et qu'on peut écarter ou arracher séparément chacun d'eux, sans toucher aux autres.

Quand ils sont ainsi supprimés, on aperçoit tout entiers les quatre organes plus développés qui donnent à la
fleur sa couleur et son odeur, et qu'on nomme les *pétales*; leur ensemble a reçu le nom de *corolle*.

FIG. 44. — *Giroflée jaune.*   FIG. 45. — *Giroflée jaune.*
Fleur entière.   Fleur coupée en long.

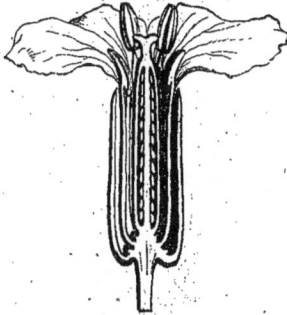

Ils sont aussi indépendants les uns des autres jusque
tout en bas. De ce côté, on les voit s'amincir en une
longue baguette pâle, d'abord maintenue verticale par
les sépales, tandis que plus haut ils s'étalent presque horizontalement en une lame délicate et colorée, qui se
chiffonne facilement (fig. 47). Celle-ci est le *limbe* du
pétale, et sa base rétrécie en est l'*onglet*.

C'est justement quand une corolle se compose de
quatre pétales dont l'onglet et le limbe se distinguent l'un
de l'autre de la façon que nous venons de dire, qu'on la
nomme *cruciforme*, c'est-à-dire en forme de croix.

Si maintenant on arrache les quatre sépales et les quatre pétales, il ne reste plus de la fleur (fig. 46) qu'un corps central, en forme de colonne verte, et, autour de lui, six petites baguettes blanchâtres, inégales, surmontées chacune d'un sac allongé, de couleur jaune, et qui finalement s'ouvre pour laisser échapper une grande quantité de poussière jaune. Cette poussière est le *pollen*. Le sac qui la contenait se nomme l'*anthère*, et la baguette qui supporte celle-ci s'appelle le *filet*. L'ensemble du filet et de l'anthère contenant le pollen, dont le filet est surmonté, constitue ce qu'on appelle une *étamine*.

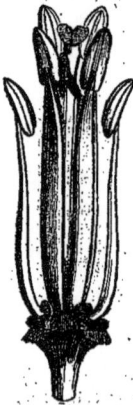

FIG. 46. — *Giroflée jaune.* Etamines entourant le pistil.

FIG. 47. — *Giroflée jaune.* Pétale ; en bas son onglet, en haut son limbe étalé.

Nous savons donc qu'il y a six étamines dans la fleur d'une Giroflée ; il est facile de les compter, mais il faut en outre remarquer : que les six étamines ne sont pas égales (fig. 45 et 46) : il y en a quatre grandes et deux plus petites, et l'on dit en pareil cas que ces étamines sont *tétradynames* (ce qui veut dire que quatre d'entre elles l'emportent par leur taille sur les deux autres) ; que chaque anthère s'ouvre en long et en dedans, par deux fentes, au moment où le pollen doit s'échapper. Chaque fente répond à une cavité de l'anthère ; cavité qui s'appelle sa *loge;* de sorte que l'anthère est à deux loges (ou *biloculaire*).

Lorsqu'on arrache les six étamines dont nous venons de donner les caractères, il ne reste plus que la colonne centrale, de couleur verte. On l'appelle l'*ovaire;* elle est creuse ; et, en la coupant en travers, on voit que sa cavité renferme un assez grand nombre de tout petits corps blancs qu'on peut faire sortir de l'ovaire entamé, en le comprimant légèrement entre le pouce et l'index. Ces corps sont des *ovules;* ils sont destinés à devenir les *graines* de la plante; mais ils sont si peu volumineux dans la fleur que, pour les bien apercevoir au moment de leur sortie, il est utile d'employer une petite *loupe* ou *lentille grossissante* [1], au travers de laquelle on observe avec soin l'ovaire au moment de la sortie des ovules.

La colonne qui représente l'ovaire n'est pas creuse, ni remplie d'ovules dans toute son étendue. Dans sa portion supérieure, elle se rétrécit un peu et devient pleine à ce niveau (fig. 45); cette portion, courte dans la Giroflée, a reçu le nom de *style.* Elle se termine supérieurement par une petite tête, légèrement renflée et partagée en deux par un sillon peu profond. Toute la surface de cette tête *bilobée* est couverte de fines saillies qui la rendent comme veloutée, ainsi qu'on peut le voir en s'aidant de la loupe. Il y a même un moment, voisin de celui où la fleur s'épanouit, où cette surface se recouvre d'une légère couche de liquide visqueux. La poussière du pollen se

---

1. Il y a plusieurs sortes de *loupes.* Les unes sont des *loupes à main,* et l'on emploie surtout pour les promenades, à la campagne ou dans les jardins, une petite *loupe à main* qui se porte suspendue au cou par un cordon et peut se fermer comme un couteau. Mais dans les classes et à la maison, il vaut mieux s'habituer à se servir de la *loupe montée,* ou *microscope simple,* qui a l'avantage de laisser libres les deux mains pendant qu'on observe les plantes ou leurs parties. Chaque main est armée d'une *aiguille montée,* qui doit avoir le sommet à la fois dilaté, aplati, tranchant et pointu, et avec laquelle on maintient, coupe, déchire, pique ou fend les parties qu'on examine. Les maîtres feront bien d'exercer de bonne heure leurs élèves à l'emploi de ces aiguilles et de la loupe montée.

trouve par là collée à cette surface, quand elle tombe sur
elle au moment où s'ouvrent les anthères. On nomme
stigmate cette surface dont les fines saillies prennent, le
nom de *papilles stigmatiques;* et l'on peut déjà indiquer
que les ovules de la Giroflée ne deviendront plus tard de
bonnes graines que si la partie couverte de papilles retient pendant un temps convenable du pollen à sa surface.

L'ensemble de l'ovaire, du style et du stigmate a reçu
le nom de *pistil.* Si l'on détache celui-ci de la fleur, il
ne reste plus de cette fleur qu'un léger renflement qui
termine la petite queue ou *pédicelle* qui la supporte. En
examinant avec soin, à la loupe, la surface de ce renflement, qui s'appelle *réceptacle,* on y aperçoit, disposées
dans un ordre parfaitement régu-
lier, les traces de toutes les parties
qui en ont été successivement détachées, c'est-à-dire, de dehors
en dedans: les cicatrices des quatre
sépales, celles des quatre pétales,
celles des six étamines, et enfin
celle du pistil, tout à fait au centre. Il faut remarquer, au voisinage de la cicatrice des étamines,
des petites saillies glanduleuses,
verdâtres, et si peu proéminentes
qu'on ne les voyait pas facilement
avant d'avoir enlevé tous les organes dont nous avons parlé. L'ensemble de ces petites glandes a reçu
le nom de *disque.*

Fig. 48. — *Giroflée
jaune.* Fruit (si-
lique) s'ouvrant.

Quand la fleur de la Giroflée
vient à se faner, toutes les parties
de la fleur que portait le réceptacle,
se flétrissent et tombent tour à tour, sauf le pistil. Celui-ci
grossit et durcit quelque peu; on dit alors qu'il *noue* et
qu'il passe à l'état de *fruit.* Bientôt ce fruit grossit davantage, mais en demeurant vert et légèrement
charnu. Au bout d'un peu plus d'un mois, son accrois-

sement est terminé; il est *mûr*. Alors il est devenu tota-
lement sec, de couleur jaune-grisâtre. A un moment
donné, il s'ouvre; il opère, dit-on, sa *déhiscence*. Quatre
fentes se produisent suivant sa longueur; elles étaient
déjà indiquées par des sillons verticaux. Le résultat de la
production de ces fentes, c'est la séparation du fruit en
trois parties ou lames de forme étroite et allongée. Deux
de ces lames sont à la surface; elles se détachent généralement de bas en haut (fig. 48) de la lame médiane,
qu'il faut observer avec attention et en prenant soin
de ne pas l'endommager.

Cette lame médiane est d'une délicatesse extrême,
membraneuse, se laissant traverser par la lumière. Elle

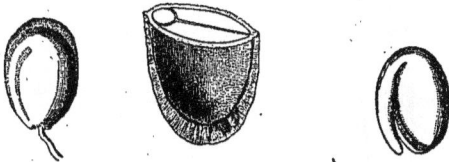

FIG. 49 ET 50. — *Giroflée jaune.* Graine   FIG. 51. *Giroflée*
entière et coupée en travers.   *jaune.* Embryon.

se plisserait facilement, si elle n'était soutenue dans tout
son pourtour par une sorte de cadre étroit, allongé et
bien plus résistant. De ce cadre partent les graines qui,
supportées par un simple cordon très grêle, nommé le
funicule, vont s'appliquer contre chacune des faces de
la membrane transparente (fig. 58) et se disposent de chaque côté sur deux séries plus ou moins enchevêtrées.

Il est assez facile de voir, surtout en s'aidant de la
loupe, que ces graines (fig. 49 et 50) ont une *enveloppe*
assez dure, d'un jaune foncé, et un contenu blanchâtre,
plus mou et huileux, car il tache comme de la graisse un
papier buvard sur lequel on écrase la graine. Ce contenu est l'*embryon* (fig. 51).

C'est en semant une semblable graine qu'on obtient

un *pied* de Giroflée jaune. Très jeune, il ne présente à considérer que trois choses : une petite *tige* verte, qui monte dans l'air; au-dessous d'elle, une petite *racine*,

FIG. 52.
Chou. Grappe de fleurs
et de jeunes fruits.

FIG. 53.
Chou. Fruit
(silique) entier.

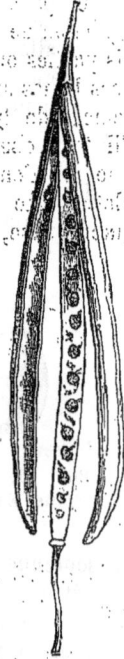

FIG. 54.
Chou. Fruit
s'ouvrant.

d'un gris blanchâtre, qui s'enfonce en terre et s'y ramifie; sur la tige, des lames étroites et allongées qui s'insèrent chacune en un point donné, seules à leur niveau : ce sont les *feuilles*; et quand elles sont disposées de cette façon sur la tige, on les dit *alternes* (fig. 43); c'est par elles notamment que la plante peut *respirer*.

Plus âgée, la tige se partage en *branches;* elle se *ra-*

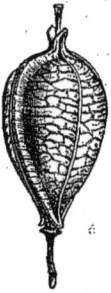

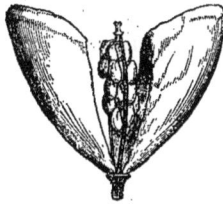

FIG. 56.

FIG. 55.

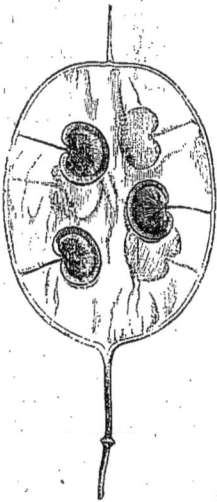

FIG. 57.

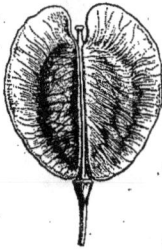

FIG. 58.   FIG. 59.

Fruits (silicules) de Crucifères diverses. — FIG. 55. *Caméline.* —
FIG. 56. *Bourse-à-pasteur* (s'ouvrant). — FIG. 57. *Cresson alénois.*
— FIG. 58. *Lunaire* (la lame médiane avec les graines). —
FIG. 59. *Thlaspi des champs.*

mifie. Puis le sommet des branches se termine par une

baguette de fleurs. Dans celle-ci, il y a un sorte de tige centrale, ou *axe principal* (fig. 43), sur lequel s'échelonnent les petites queues ou pédicelles des fleurs. Un ensemble de fleurs ainsi disposées s'appelle une *grappe;* de sorte que les fleurs de la Giroflée sont disposées en

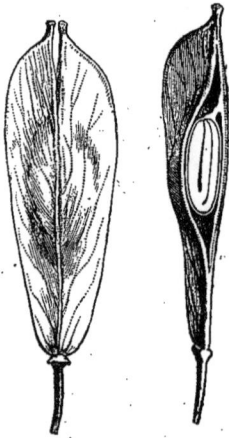

FIG. 60 ET 61. — *Pastel.* Fruit (silicule) entier et coupé en long.

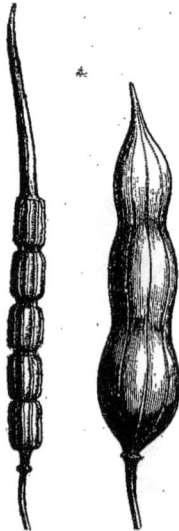

FIG. 62 ET 63. — *Radis* sauvage et cultivé. Fruits qui ne s'ouvrent pas en long.

grappes terminales; c'est là, comme l'on dit, un mode d'*inflorescence* très commun parmi les plantes.

Il y a dans nos champs et nos jardins un grand nombre de plantes organisées au fond comme la Giroflée jaune et qui appartiennent, comme elle, à la grande famille des Crucifères. Ce sont surtout les Giroflées rouges ou blanches, qui sont des Matthioles, et le Cresson de fontaine, les Choux (fig. 52, 53 et 54), parmi

lesquels on compte les Navets, le Colza. Ces plantes ont
un fruit étroit et allongé comme celui de la Giroflée
jaune : auquel cas on lui donne le nom de *Silique ;* mais
dans d'autres Crucifères, également communes dans les
jardins ou dans la campagne, comme les Pastels (fig. 60
et 61), les Thlaspis (fig. 59), les Lunaires (fig. 58), les
Cochlearia, le Cresson alénois (fig. 57), la Caméline

FIG. 65. — *Moutarde.*
Graine entière (grossie).

FIG. 64.
Moutarde. Fruit.

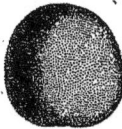

FIG. 66. — *Moutarde.* Graine
coupée, avec l'embryon replié.

(fig. 55), la Bourse-à-pasteur (fig. 56), etc., le fruit est
court par rapport à sa largeur, et on lui donne en pareil cas le nom de *Silicule.* Dans les Radis (fig. 62 et 63),
le fruit ne s'ouvre pas suivant sa longueur.

On mange la racine charnue des Navets, des Radis ;
on se sert du Pastel pour teindre en bleu ; on emploie le
Cochlearia contre le scorbut, la graine de la Moutarde
(fig. 64, 65 et 66) comme condiment, et l'on extrait de
l'huile des embryons du Colza et de la Caméline.

II

LA MERCURIALE

A l'époque où fleurit la Giroflée jaune, on trouve abondamment, en état complet de développement, dans certains bois, tels que ceux de Vincennes, de Meudon, etc., une petite herbe qui forme ordinairement des tapis considérables et qu'on appelle *Mercuriale vivace* (fig. 67). Elle présente au-dessus du sol un grand nombre de petites baguettes dressées qui portent les feuilles et les fleurs. Ce sont autant de *branches* qui sont elles-mêmes toutes portées sur une tige commune ramifiée, en forme de cordon. Mais cette tige, au lieu de s'élever dans l'air, rampe à une petite profondeur sous le sol, et on lui donne en pareil cas le nom de *Tige souterraine* ou *rhizome*. Ce rhizome se divise, se ramifie beaucoup.

Fig. 68. — *Mercuriale vivace.*
Groupe de fleurs mâles (grossies).

Quant aux branches aériennes (fig. 67), elles portent de distance en distance des renflements ou *nœuds* au niveau desquels s'insèrent les feuilles. Celles-ci sont disposées par paires, et celles d'une même paire sont placées en

FIG. 67. — *Mercuriale vivace*. Pied mâle portant des feuilles opposées, accompagnées à leur base de petites stipules ou de leurs
cicatrices, et de nombreuses fleurs à étamines mâles.

face l'une de l'autre, à la même hauteur exactement;
c'est ce qu'on appelle des feuilles *opposées*.

Considérées individuellement, ces feuilles présentent deux portions distinctes : la queue rétrécie ou *pétiole*, qui les supporte, et la lame verte, membraneuse, bien plus développée, qui est leur *limbe*. Ses bords sont découpés de petites dents, à la façon d'une petite scie, ou *serrées*, et sur sa ligne médiane on voit une ligne saillante en dessous qui continue le pétiole : c'est la *côte* ou *nervure médiane*. De chacun de ses côtés partent obliquement, les unes au-dessus des autres, des nervures *secondaires*, disposées comme les barbes d'une plume (*penninerves*), et reliées par un *réseau* de nervures beaucoup plus fines encore qui se rejoignent dans tous les sens (fig. 67).

Observons qu'à la base des pétioles il y a de chaque côté sur les branches de très petites languettes membraneuses, plus tard indiquées seulement par de petites cicatrices ; on les appelle les *stipules*.

Remarquons aussi que chaque pétiole fait avec la branche deux angles inégaux : l'un inférieur, large, obtus, et l'autre supérieur, aigu. On nomme celui-ci l'*aisselle* de la feuille, et il est facile de voir que le fond de cette aisselle est occupé par un petit *bourgeon*, qu'on appelle, pour cette raison, *bourgeon axillaire*.

Il y a des feuilles, vers le sommet des branches, dont l'aisselle n'est pas occupée par un bourgeon, mais bien par un cordon grêle et long qui est chargé de petites fleurs. Cet ensemble de fleurs est l'*inflorescence ;* de sorte que l'on peut dire de celle-ci, comme des bourgeons, qu'elle est axillaire.

Or, en examinant un certain nombre de Mercuriales vivaces, on s'aperçoit facilement que sur plusieurs d'entre elles les fleurs sont différentes, comme taille, comme nombre, comme couleur et comme structure, de celles qui s'observent sur certains autres pieds de la même plante, croissant quelquefois à une assez grande distance des premiers. Les fleurs de ces deux sortes sont petites et ne peuvent être bien étudiées qu'à l'aide de la loupe ; mais leur organisation est peu compliquée.

Dans celles des pieds de la première sorte, il n'y a

(fig. 68) qu'un petit calice vert, formé de trois sépales, et, dans son intérieur, un petit bouquet d'étamines. Chacune d'elles se compose d'un filet très ténu et d'une anthère à deux poches ou *loges ;* mais ces deux loges descendent l'une à côté de l'autre de chaque côté du filet, sans adhérence, sauf en haut, avec la loge voisine. Ce sont comme les deux moitiés pendantes d'un petit bissac. A un moment donné, chaque moitié s'ouvre suivant sa longueur et laisse échapper le pollen qu'elle renfermait.

Voici donc des fleurs qui, contrairement à celles de la

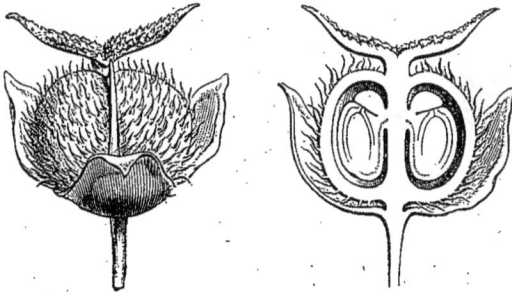

Fig. 69 et 70. — *Mercuriale vivace.* Fleur femelle (grossie), entière et coupée en long.

Giroflée, n'ont ni corolle : on les nomme des fleurs *apétales ;* ni pistil : on les appelle *fleurs mâles*, et les pieds qui les portent seules sont des *pieds mâles* (fig. 67).

Dans les fleurs des autres pieds (fig. 74), il y a également un petit calice formé de trois sépales ; mais dans son intérieur il n'y a ni corolle, ni étamines, et seulement un pistil. Celui-ci se compose d'un ovaire au-dessus duquel on aperçoit un très court style, comme dans la Giroflée. Bientôt ce style se partage en deux branches allongées, légèrement arquées, toutes couvertes de papilles blanches ; ce sont là les branches *stigmatiques* du style (fig. 69 et 70). Les fleurs qui ne renferment ainsi qu'un pistil sont des fleurs *femelles*.

Que l'on coupe alors l'ovaire en travers, et l'on verra

que dans chacune de ses moitiés il y a un ovule qu'on peut en extraire avec quelque précaution (fig. 70).

En grossissant, cet ovaire devient le fruit (fig. 71) de la Mercuriale; il ne change pas de forme, mais seulement de taille. A sa maturité, ou même bien avant, il est plus facile de voir qu'il est formé de deux *coques*, qui finalement se séparent l'une de l'autre, s'ouvrent avec élasticité et laissent échapper la graine que chacune

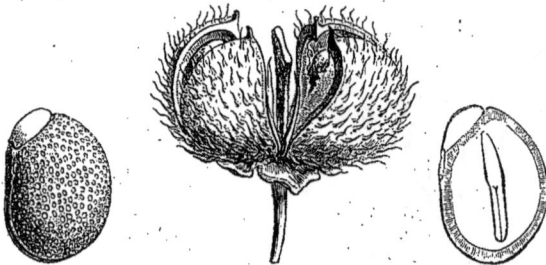

FIG. 71, 72 ET 73. — *Mercuriale vivace.* Fruit à deux coques qui se séparent l'une de l'autre. Graine entière et coupée en long.

d'elles renferme. Nous verrons tout à l'heure (p. 50) comment cette graine est construite.

Tout ce que nous venons d'observer sur la Mercuriale vivace, nous pourrons le voir tout l'été sur une autre Mercuriale qu'on appelle *annuelle* (fig. 74), qui est une mauvaise herbe des jardins, des chemins et des décombres, et qui ne vit qu'une saison. Sa racine est molle, s'enfonçant verticalement en terre et se ramifiant comme celle de la Giroflée; et sa tige verte, à odeur désagréable, s'élève dans l'air, tandis que dans la Mercuriale vivace, laquelle vit plusieurs années, nous savons déjà que la tige rampe sous le sol. Au niveau des nœuds de cette tige souterraine il y a çà et là des écailles fort réduites, opposées, qui représentent des feuilles amoindries, et là aussi naissent les racines de la plante, qu'on appelle en pareil cas des *racines adventives*.

Après avoir étudié la Giroflée et la Mercuriale, nous pouvons aisément voir en quoi elles diffèrent l'une de l'autre; nous pouvons les *comparer* entre elles. C'est là ce qu'il faut toujours faire en histoire naturelle pour arriver à bien comprendre les caractères des êtres; il faut s'habituer à tirer de cette comparaison les ressemblances

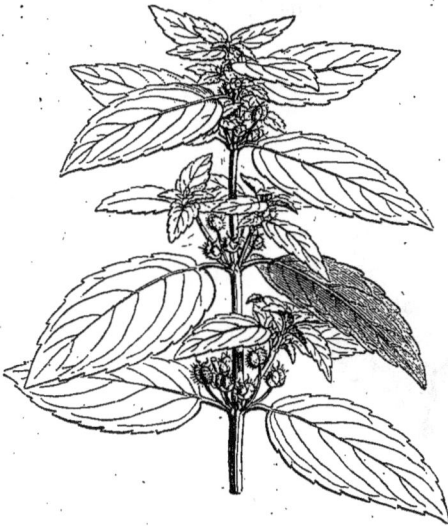

FIG. 74. — *Mercuriale annuelle*. Pied femelle.

qui les unissent et les différences qui les séparent. En agissant de la sorte, nous verrons ici :

Que la Giroflée a, dans une même fleur, des étamines et un pistil, tandis que les Mercuriales n'ont, dans chaque fleur, que les unes ou bien l'autre. En d'autres termes, les fleurs de la Mercuriale sont ou mâles, ou femelles ; et celles de la Giroflée sont à la fois l'une et l'autre; on dit ces dernières *hermaphrodites*.

Que les fleurs de la Giroflée ont un calice à quatre parties, disposées en croix, comme la corolle, tandis que celles de la Mercuriale n'ont que trois parties au calice.

Que les fleurs de la Mercuriale n'ont pas la corolle
qu'on observe dans les Giroflées. De semblables fleurs
sont dites *apétales*, c'est-à-dire dépourvues de pétales.

Qu'il n'y a jamais que six étamines dans la Giroflée, et
qu'elles sont bien plus nombreuses dans la Mercuriale.

Que les feuilles sont alternes dans la Giroflée et qu'elles
sont opposées dans les Mercuriales; que celles de la

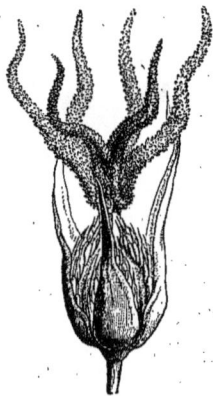

Fıɢ. 77.   Fıɢ. 76.
Ricin. Fleur femelle.   *Ricin*. Fleur mâle.

Mercuriale ont un pétiole bien distinct et un limbe dentelé
sur les bords; ce qui n'existe pas dans la Giroflée.

Que le fruit court de la Mercuriale ne contient que
deux graines, tandis qu'il y en a un grand nombre dans
le fruit allongé de la Giroflée.

Les graines elles-mêmes (fig. 74) offrent dans l'une et
dans l'autre des plantes que nous comparons une différence considérable; mais, pour la bien comprendre, il
faut étudier la graine, non pas dans les Mercuriales, où
elle est trop petite, mais dans les Ricins (fig. 78) ou les
Euphorbes (fig. 83), où elle est plus grande et facile à
observer à l'œil nu, mais d'ailleurs tout à fait semblable.

En ouvrant l'enveloppe sèche, cassante, chinée, de la graine du Ricin (fig. 78, 79), on trouve dans son inté-

FIG. 75. — *Ricin.*

rieur une masse ovoïde, huileuse et tachant le papier buvard. Ce n'est pas, comme dans la Giroflée, l'embryon,

mais une masse alimentaire charnue qui l'entoure complètement, et qu'on nomme l'*albumen* (fig. 79). Il faut

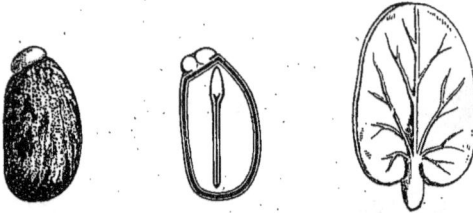

FIG. 78, 79 et 80. — *Ricin.* Graine entière et coupée
en long. Embryon (grossi).

ouvrir encore celui-ci pour voir dans son centre l'embryon, large, mais plat et mince (fig. 80). Il est formé,

FIG. 81. — *Euphorbe.*

entre autres parties, de deux grandes feuilles blanches,
minces et veinées, plus d'un petit support court et épais
qui les unit l'une à l'autre.

Ces feuilles de l'embryon ont reçu le nom de *Cotylédons* ; et quand elles sont au nombre de deux, comme il

arrive ici, et comme il arrive aussi dans la Giroflée, on dit que la plante est *Dicotylédonée*.

Les plus grandes différences qu'il y ait entre les Mercuriales d'une part, le Ricin et l'Euphorbe de l'autre, c'est que le fruit de ces deux dernières plantes contient trois graines au lieu de deux, et est formé de trois *coques*, au lieu de deux (fig. 83).

De plus, dans le Ricin, les filets des étamines sont divisés un grand nombre de fois, comme une branche

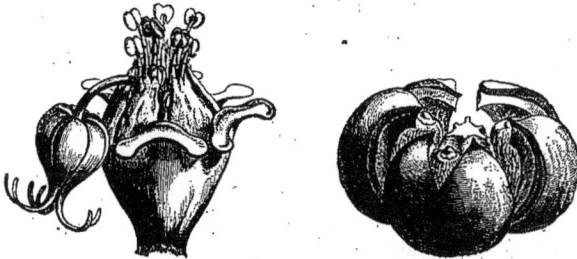

Fig. 82 et 83. — *Euphorbe*. Fleur et fruit s'ouvrant.

d'arbre, et il y a une petite anthère au sommet de chaque ramification (fig. 76).

Et dans l'Euphorbe (fig. 81), les étamines ont un filet non ramifié, mais elles sont réunies en grand nombre, avec un pistil, dans un sac commun dont l'orifice est chargé d'un nombre limité de dents et de glandes. Le pistil, étant inséré sur un long pied arqué, peut même être porté au dehors de cette sorte de sac (fig. 82).

Dans toutes ces plantes, le contenu gras de l'albumen est une huile qui s'extrait surtout en abondance des graines du Ricin. On l'emploie chez nous comme médicament purgatif ; mais il y a des pays, comme la Chine, où, grâce à un mode particulier d'extraction, cette huile est douce et peut être employée pour l'usage de la cuisine et de la table.

III

LE CHÊNE

Peu de temps après la floraison de la Mercuriale vivace, le Chêne-Rouvre commence à développer dans nos bois ses feuilles et ses fleurs ; ces dernières, petites et sans éclat, comme celles des Mercuriales, et qu'il faut aller chercher haut sur ses branches, parce qu'au lieu d'être une humble herbe, comme la Mercuriale, le Chêne est un grand *arbre*, qui vit, comme l'on sait, plusieurs siècles et qui peut atteindre des dimensions colossales.

Sa tige devient formée d'un *bois* dur et résistant, composé d'un nombre variable, suivant l'âge, de couches (fig. 85) ou d'étuis concentriques, et d'une enveloppe extérieure, épaisse et rugueuse au dehors, qui est l'*é-corce* et qui se détache facilement au printemps ; on la sépare alors pour en fabriquer du *tan*, employé principalement pour la préparation des cuirs. Le bois lui-même présente des couches voisines de l'écorce, qui sont plus pâles et moins dures : elles constituent l'*aubier*, et des couches intérieures, foncées et résistantes, dont l'ensemble est le *cœur* ou le *duramen*. Quand une plante présente dans sa tige ces particularités, cette tige prend le nom de *tronc*, et l'on sait que, dans le Chêne, ce tronc se partage, à partir d'une certaine hauteur, en branches qui se divisent en rameaux de plus en plus petits.

Pour maintenir solidement fixée au sol une tige aussi gigantesque que celle du Chêne, il faut une puissante racine. Celle-ci, dans les Chênes qui n'ont subi de la part du forestier aucun traitement particulier, s'enfonce verticalement et profondément dans le sol, sous forme d'un cône épais qui se nomme *pivot;* et cette racine *pivo-*

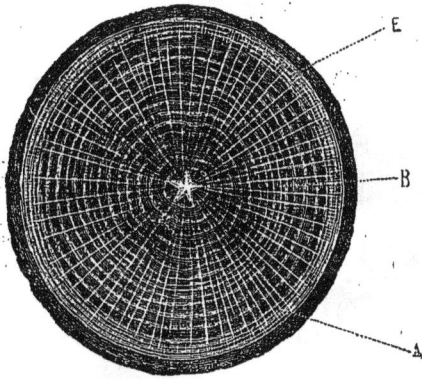

Fig. 85. — *Chêne.* Tronc coupé en travers. En dehors, l'écorce E. Plus en dedans, le bois B dont les couches extérieures constituent l'aubier A. La moelle étoilée occupe le centre d'où partent des lignes pâles, les rayons médullaires.

tante se ramifie ensuite sous terre, à peu près comme la tige, se partageant en racines secondaires, tertiaires, etc.

Enfermées pendant l'hiver dans des bourgeons couverts d'écailles imbriquées et dits pour cette raison *écailleux* (fig. 86), les feuilles du Chêne se développent seules à un niveau donné sur les jeunes branches herbacées de l'année. Elles sont donc alternes (fig. 84, 88), comme celles de la Giroflée; mais, ainsi que celles de la Mercuriale, elles ont un *pétiole* et un *limbe* distincts, et sont accompagnées à leur base de stipules. Leur limbe est plus ou moins profondément *lobé* sur les bords, et sa nervation est pennée, comme celle de la Mercuriale.

Quant aux fleurs, outre leur ressemblance extérieure

FIG. 84. — *Chêne Rouvre*. Branche portant des feuilles jeunes et
des chatons de fleurs.

avec celles de la Mercuriale, elles présentent aussi avec

FIG. 86. — *Chêne*.
Bourgeon.

FIG. 87. — *Chêne*. Chatons
de fleurs mâles.

elles ce caractère commun qu'elles sont apétales, c'est-

à-dire sans corolle, et mâles ou femelles, c'est-à-dire pourvues seulement, en dedans de leur petit calice, ou d'étamines, ou d'un pistil (fig. 89, 90).

Seulement, tandis que dans les Mercuriales il y a des

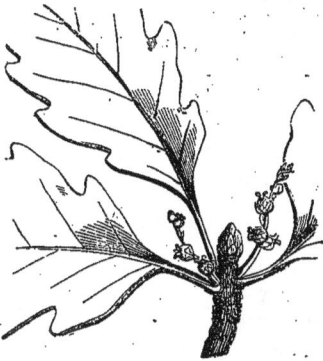

Fig. 88. — *Chêne*. Rameau portant des fleurs femelles.

pieds uniquement à fleurs mâles et des pieds uniquement
femelles, dans le Chêne on peut trouver sur un même
individu des groupes de fleurs mâles (fig. 84) et des

Fig. 89 et 90. — *Chêne*. Fleur femelle entière et coupée en long.

groupes de fleurs femelles. C'est ce qui constitue un arbre
monoïque, tandis que les Mercuriales sont des plantes
dioïques. Le premier de ces mots veut dire que les fleurs

mâles et femelles ont *une seule demeure;* le second, qu'elles ont *deux demeures séparées.*

On appelle *chatons* les petits groupes floraux (fig. 87) grêles et plus ou moins allongés, à supports plus ou moins allongés, que forment, à côté des feuilles, les fleurs monoïques des Chênes. Et comme chaton se dit en latin *Amentum,* on a souvent appelé *Amentacés* les arbres de nos forêts dans lesquels l'inflorescence se comporte à peu près comme celle du Chêne et dans lesquels en même temps les châtons mâles se détachent de bonne heure; après que les étamines ont ouvert leurs anthères, suivant des fentes longitudinales , pour laisser échapper leur pollen. Généralement aussi, il en est de ces châtons comme des inflorescences de la Mercuriale : ils ne renferment que des fleurs mâles ou des fleurs femelles, mais non des fleurs hermaphrodites. Très petites, sans éclat, ces fleurs sont constamment dépourvues de corolle, ou apétales.

FIG. 91.
Chêne. Fruits (Glands).

Quant aux fleurs femelles du Chêne (fig. 88), elles se composent, outre leur petit calice, d'un ovaire que surmonte un style partagé en trois branches (fig. 89), à peu près comme celui des Euphorbes, et leur ovaire coupé en travers laisse voir, si on l'examine à la loupe, trois cavités ou loges dans chacune desquelles il y a primitivement deux ovules, un peu difficiles à apercevoir.

Un seul de ces ovules devient d'ailleurs une graine dans le fruit du Chêne (fig. 91), que tout le monde connaît sous le nom de *Gland,* et qui est entouré à sa base d'une petite *cupule* en forme de godet, formée, en dehors, de petites écailles rapprochées, laquelle existait dans la fleur, mais était bien plus difficile à voir qu'à la base du fruit, vu le peu de développement qu'elle avait pris à

FIG. 92. — *Châtaignier*. Branche à feuilles et à fleurs.

cette époque. Quand le gland est mûr, la cupule se sépare

facilement de lui. A ce moment, il représente un fruit à paroi mince et sèche et qui ne s'ouvre jamais pour laisser sortir la graine qu'il contient. Un pareil fruit, qui ne s'ouvre pas (*indéhiscent*), qui n'est pas charnu, et qui ne contient qu'une seule graine (*monosperme*), est ce qu'on appelle un achaine.

Quant à la graine du Chêne, elle est assez volumineuse

FIG. 93. — *Châtaignier*. Inflorescence, avec des boutons mâles en haut et inférieurement des fleurs femelles (grossies).

pour qu'on puisse en distinguer toutes les parties à l'œil nu. Elle renferme un gros embryon dont les cotylédons sont au nombre de deux (Dicotylédone) et se touchent par leur face interne plane. En les écartant l'un de de l'autre, on voit qu'ils sont unis par un petit corps intermédiaire qu'on peut surtout bien observer quand il s'est légèrement développé par le fait de la germination. Ce corps comprend une petite racine conique, qui s'enfonce en terre et que l'on nomme *radicule* (petite racine) ; au-dessus d'elle, une petite tige cylindrique (*tigelle*) sur

les côtés de laquelle s'insèrent en face l'un de l'autre les
deux cotylédons, et qui est elle-même surmontée d'un
bourgeon terminal auquel on donne le nom de *gemmule*.
Toutes ces parties existent d'ailleurs dans les embryons

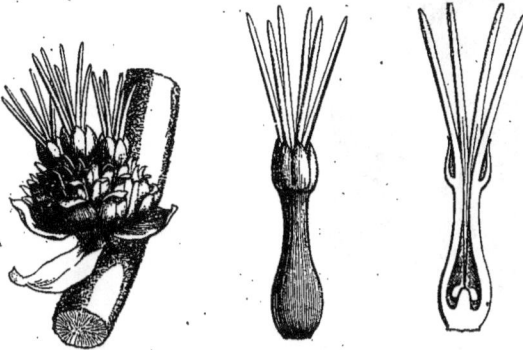

Fig. 94, 95 et 96. — *Châtaignier*. Fleurs femelles groupées, et l'une
d'elles séparée, entière et coupée en long.

des plantes dicotylédonées que nous avons déjà étudiées.
Il y a plusieurs Chênes en France ; c'est l'un d'eux, le

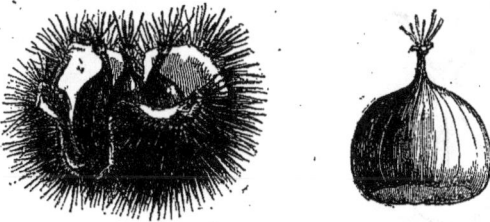

Fig. 97 et 98. — *Châtaignier*. Fruits dans leur cupule épineuse
et l'un d'eux (*Châtaigne*) isolé.

Chêne-Liège, qui possède une écorce épaisse et spongieuse
employée à fabriquer des bouchons. Beaucoup d'autres
arbres de nos forêts, à inflorescence en chatons, tels que
les Bouleaux, les Aunes, les Peupliers, les Saules, les

Charmes, ont été placés avec les Chênes dans le groupe
des *Amentacées;* mais le Chêne, le Châtaignier (fig. 98,

FIG. 99. — *Hêtre.* Branche fleurie (mâle).

98) et le Hêtre (fig. 99-101) sont seuls dans ce groupe
à posséder autour de leur fruit une cupule ou un sac
(fig. 96), qui prend surtout un si grand développement
dans les deux derniers, et c'est pour cette raison qu'on

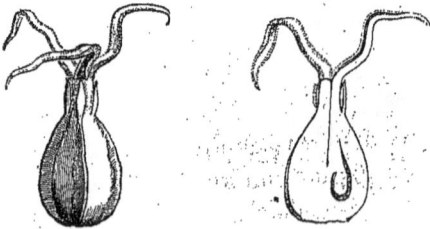

FIG. 100 ET 101. — *Hêtre.* Fleur femelle entière et coupée en long.

les a souvent réunis dans une petite famille particulière
qu'on nomme celle des *Cupulifères.* Le fruit du Hêtre
(fig. 100, 101), dont la graine sert à faire de l'huile, se
nomme la *Faine.*

IV

LA JACINTHE DES BOIS

Vers l'époque où fleurissent la Giroflée jaune et la Mercuriale vivace, on trouve souvent aussi dans nos forêts des tapis énormes de cette jolie petite plante à fleurs bleues, plus rarement blanches (*variété*), que tout le monde connaît sous le nom de *Jacinthe des bois* ou de *Jacinthe sauvage*. Les botanistes l'appellent plus souvent *Scille penchée* (fig. 102). Ses fleurs, en forme de clochette, ont environ deux centimètres de long; aussi sont-elles bien plus faciles à observer, même sans le secours de la loupe, que les fleurs du Chêne et de la Mercuriale; et si l'on a éprouvé quelque difficulté à étudier celles-ci à cause de leur très petite taille, on a du moins l'avantage de s'être aguerri, d'avoir acquis l'habitude d'un travail un peu délicat auprès duquel l'observation de la fleur de notre Jacinthe ne va plus être qu'un jeu.

Cette sorte de cloche qui forme la partie extérieure de la fleur (fig. 103) est un ensemble de six petites lames, toutes colorées de la même façon. Trois d'entre elles sont plus extérieures et trois autres plus intérieures. Remarquons que ces dernières répondent aux intervalles des trois premières. On dit qu'elles *alternent* avec elles. Toutes sont légèrement unies entre elles tout à fait en bas. On est convenu, depuis près d'un siècle, de les considérer toutes comme des *sépales;* nous devons donc dire que, dans la Jacinthe des bois, il y a un *calice* en forme de cloche, ou *campanulé,* composé de six sépales colorés et alternant entre eux, sur deux rangées de trois parties chacune. Ces rangées portent le nom de *verticilles*.

En dedans de chaque sépale il y a une étamine (fig. 104), et chacune des six étamines est portée à une certaine hauteur sur la division correspondante du calice. Comme dans la Giroflée, l'étamine est formée d'un filet et d'une anthère; et de même aussi les fentes par lesquelles s'ou-

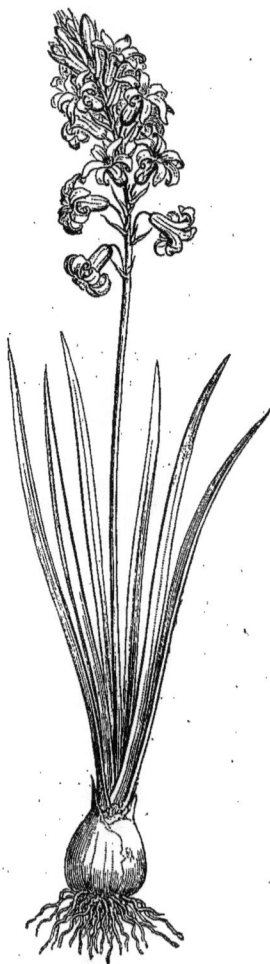

FIG. 102. — *Jacinthe des bois* ou *Scille penchée.*

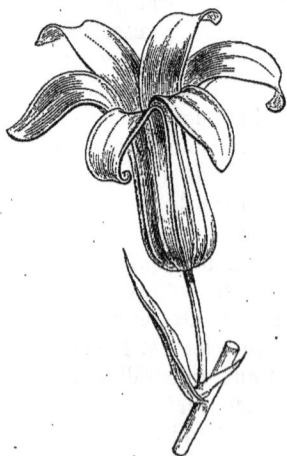

FIG. 103. — *Jacinthe des bois.* Fleur (grossie).

vre l'anthère pour que le pollen sorte, regardent
l'intérieur de la fleur. On dit en pareil cas que l'anthère
est *introrse;* et comme le filet vient s'unir à elle sur le
dos, on dit qu'elle est *dorsifixe.*

Reste au centre de la fleur le *pistil* (fig. 104). Son
ovaire est presque sphérique et surmonté d'une colonne
dont le sommet un peu renflé est garni d'une substance
molle, papilleuse. C'est là l'extrémité *stigmatique* de

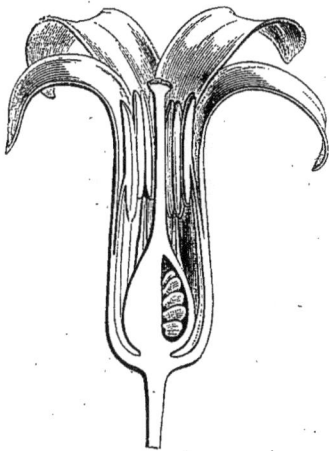

FIG. 104. — *Jacinthe des bois.*
Fleur coupée en long.

FIG. 105, 106. — Graine entière
(grossie) et coupée en long.

cette colonne qu'on nomme le *style.* Si l'on coupe en
travers l'ovaire par son milieu, on voit facilement, surtout à la loupe, qu'il est creusé de trois cavités; ce sont
ses *loges.* Elles sont séparées les unes des autres par
un même nombre de *cloisons,* et dans chaque loge il y a
plusieurs de ces petits corps blancs, qui sont les *ovules.*

Les fleurs de la Jacinthe des bois, toutes semblables
entre elles, toutes *hermaphrodites,* puisqu'elles possèdent
toutes des étamines et un pistil, sont disposées les unes
au-dessus des autres sur le sommet d'une grande ba-

guette qui sort de terre entre les feuilles et dont toute la
portion inférieure est nue. On la nomme *hampe*; et
comme les fleurs se succèdent sur sa portion supérieure
de la même façon que celles de la Giroflée, supportées
chacune par un court *pédicelle*, ici aussi l'*inflorescence*
est une *grappe* (fig. 102). Seulement, il y a ici, de plus, que
dans la Giroflée, une ou deux petites languettes étroites
au point où s'insère chaque pédicelle ; ce sont des *bractées*, et la grappe est complète, tandis qu'elle est exception-
nellement incomplète dans la Giroflée, où, nous le savons,
ces bractées font défaut.

A côté de la hampe à fleurs sortent de terre, dans la

FIG. 107. — *Jacinthe
des bois.* Fruit s'ouvrant.

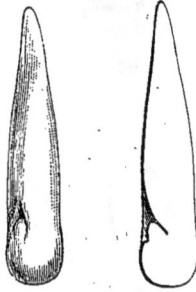

FIG. 108, 109. — Embryon entier
et coupé en long.

Jacinthe des bois, plusieurs feuilles très longues et relativement étroites, en forme de lanières molles. Elles
sont parcourues dans toute leur longueur par de très
fines nervures parallèles, non ramifiées comme celles des
Mercuriales et des Chênes; on les dit *rectinerves*.

En arrachant la plante, on s'aperçoit que toutes ces
parties sortent d'un *ognon* ou *bulbe* (fig. 102) qui constitue la portion souterraine de la plante. Ce bulbe n'est
pas la racine; mais on aperçoit les vraies racines à sa
portion inférieure. Elles partent d'un cône central,
nommé *plateau*, qui est la vraie tige de notre Jacinthe;

tige courte, conique, charnue, et qui porte les feuilles.
Or, tandis que dans leur portion aérienne les feuilles sont
vertes, avec les caractères que nous connaissons, dans
leur portion inférieure elles demeurent charnues, blan-

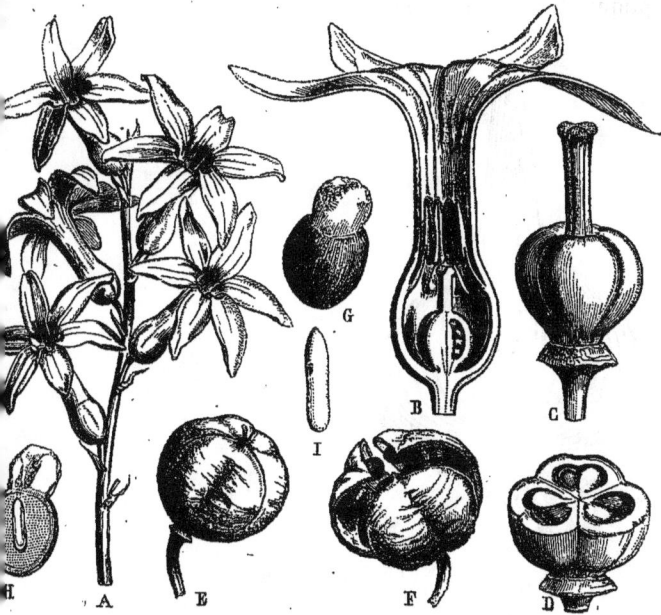

FIG. 110. — *Jacinthe des jardins*. — A. Grappe de fleurs. — B. Fleur
coupée en long. — C. Pistil. — D. Ovaire coupé en travers. —
E. Fruit. — F. Le même s'ouvrant. — G. Graine. — H. La même,
coupée en long. — I. Embryon monocotylédoné.

châtres, et forment autour du plateau des lames qui se
recouvrent les unes les autres et qui sont les *tuniques*
du bulbe.

Les fruits de la Jacinthe des bois (fig. 107) ne mûriront
que dans une couple de mois; alors ils seront secs, ils
s'ouvriront et laisseront sortir plusieurs graines. Un fruit
qui réunit ces trois caractères est une *capsule*.

Les graines (fig. 105, 106) ont, comme celles de la Mercuriale, un *albumen* charnu. Dans son intérieur est un embryon (fig. 108, 109). Au lieu d'avoir deux cotylédons, cet embryon n'en a qu'un seul d'un côté; il est *monocotylédoné*. Ce nom s'applique aussi à la plante tout

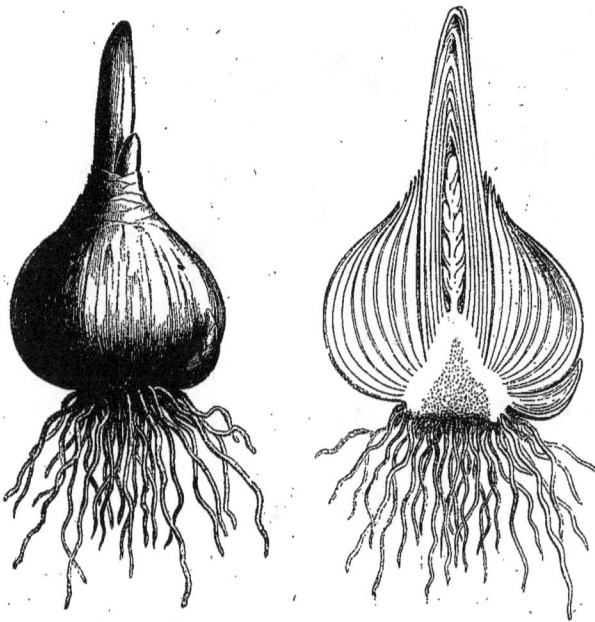

FIG. 111 ET 112. — *Jacinthe des jardins*. Bulbe entier
et coupé en long.

entière : la Jacinthe des bois est une plante *monocotylédonée*. Ce fait entraîne le plus souvent un certain nombre de caractères faciles à saisir: des feuilles alternes, rectinerves, des fleurs à six sépales disposés sur deux rangs, semblables dans chaque rangée, et souvent, mais non constamment, une tige bulbeuse souterraine.

Tous ces caractères se retrouvent dans les Jacinthes

des jardins (fig. 110-112), dont les ognons ou *bulbes*
(fig. 111, 112) sont formés dans toute leur portion extérieure de *tuniques* qui s'emboîtent les unes les autres,
les Tulipes, la Couronne impériale (fig. 116) et surtout
les *Lis*, dont le plus commun est le *Lis blanc*, plante de

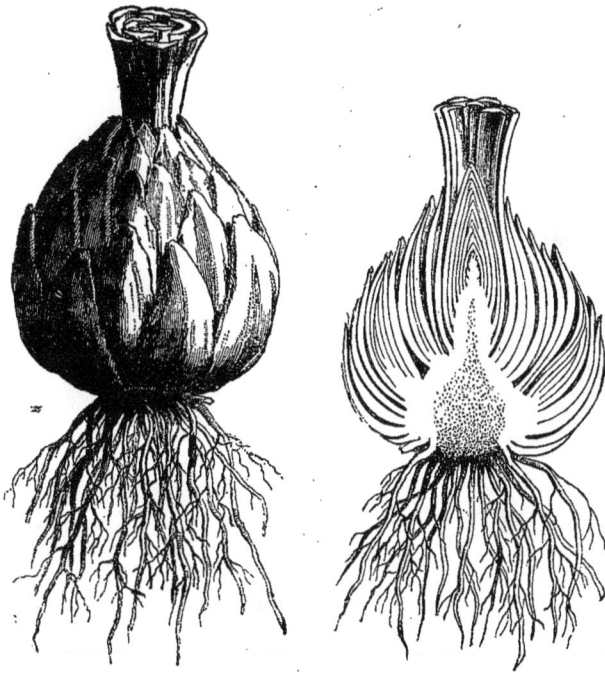

Fig. 113 et 114. — *Lis blanc*. Bulbe entier et coupé en long.

l'Orient, cultivée dans tous nos jardins (fig. 113-116), et
qui ont fait donner au groupe auquel appartiennent toutes
ces plantes le nom de *Liliacées*. En les comparant à la
Jacinthe des bois, on verra qu'elles ont, comme elle, des
fleurs à six sépales colorés, semblables entre eux et six

étamines en face de ces sépales, mais qu'elles diffèrent

FIG. 115. — *Lis blanc.* Grappe de fleurs.

seulement par la forme du calice que constitue la réunion

des six sépales. Ils sont unis très haut en tube dans la
Jacinthe des jardins, libres dans les Tulipes et les Lis.
Ces derniers ont un ognon ou *bulbe* tout formé d'écailles

FIG. 116. — *Couronne impériale.*

qui sont des feuilles épaisses, charnues, blanches, insérées sur une courte tige commune, en forme de cône, qui
porte à sa base les racines (fig. 113, 114).

Les Asperges (fig. 118), dont on mange les grosses pousses au printemps, sont aussi des Liliacées, mais leur fruit est charnu. L'Ail, l'Ognon de cuisine, l'Echalotte

FIG. 117. — *Lis.*   FIG. 118. — *Asperge.*
Fleur coupée en long.   Branche fleurie.

sont des Liliacées à bulbes très odorants, employés en cuisine, et à petites fleurs très nombreuses, réunies en une sorte de boule au sommet d'une tige commune.

V

LE NARCISSE

Un peu avant la Jacinthe des bois, on voit fleurir en abondance dans certaines localités des environs de Paris, notamment à Vincennes, un superbe Narcisse à fleurs

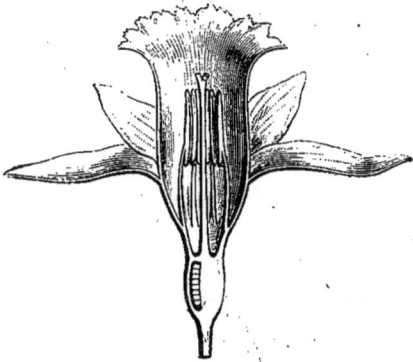

FIG. 119. — *Narcisse Porion.* Fleur coupée en long.

jaunes qu'ou vend en grandes quantités dans les rues et sur les marchés, qu'on cultive souvent aussi dans les jardins, où l'on en trouve même une variété à fleurs doubles, et qui porte le nom vulgaire de *Porion* ou *Po-*

rillon, Chaudron, Aiault ; les botanistes l'ont appelé
Narcisse Faux-Narcisse (fig. 119, 120).

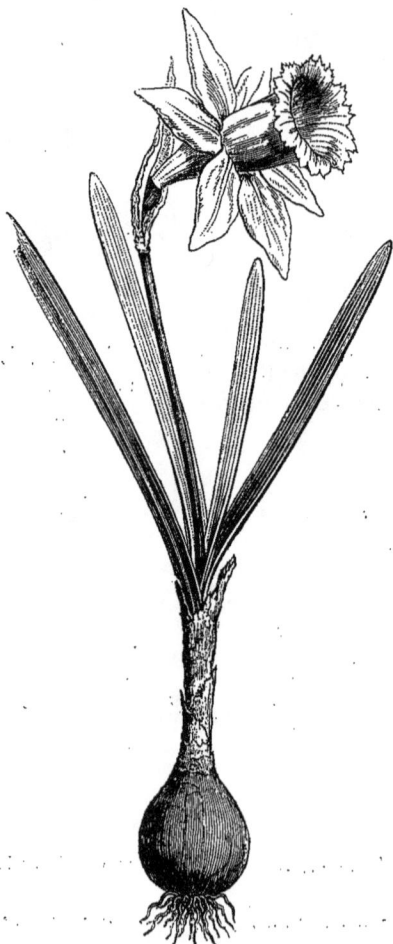

FIG. 120. — *Narcisse Porion.*

Par son ognon souterrain, ses feuilles rectinerves, ses

fleurs à calice formées de deux rangées de sépales semblables, ses six étamines
et son ovaire à trois lo-
ges, il est analogue à
la Jacinthe des bois et
aux autres Liliacées.
Mais, si l'on considère
la situation de son ovai-
re, qui a la forme d'une
boule verte et dont on
peut extraire les petits
ovules, on voit que cet
ovaire est au-dessous de
la fleur (fig. 119); de
sorte qu'on l'aperçoit
dans le bouton, avant
l'épanouissement, tan-
dis que dans une Lilia-
cée quelconque il est
en dessus et en de-
dans du calice, qui doit
être écarté, ouvert, pour
qu'on puisse l'aperce-
voir. Dans un cas, l'o-
vaire est inférieur au
reste de la fleur, ou
infère; dans l'autre, il
lui est supérieur, ou
supère.

Il y a une autre dif-
férence entre les Lilia-
cées et notre Narcisse:
celui-ci possède en plus
un gobelet jaune très
profond, placé en de-
hors des étamines. Dans
un autre Narcisse blanc

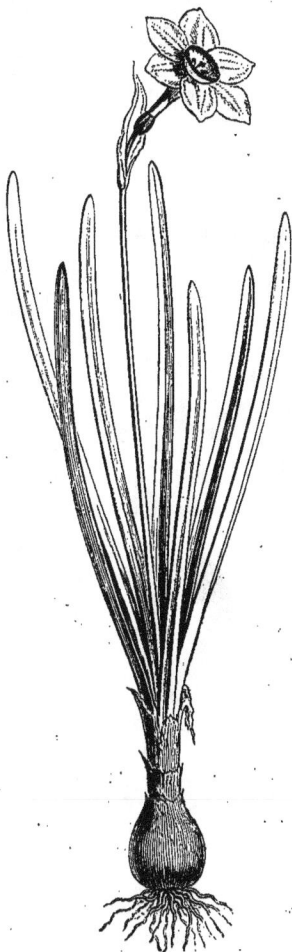

Fig. 121. — *Narcisse
des poètes.*

qui fleurit plus tard dans les jardins et qu'on appelle

Narcisse des poètes (fig. 121), et dans les *Narcisses à
bouquets* (fig. 122), qu'on cultive souvent dans les appartements et qui ont de nombreuses fleurs au bout de la
tige commune, ce godet est bien moins élevé ; ce n'est plus
qu'une petite écuelle, parfois bordée de rouge ; et dans le

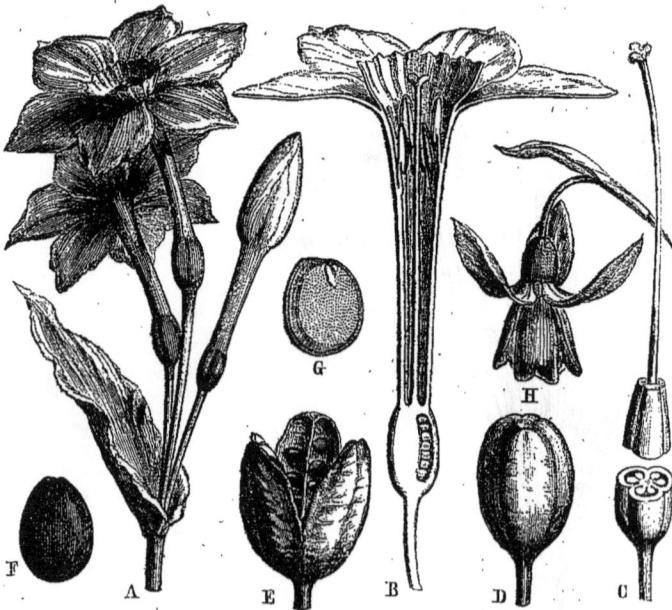

Fig. 122. — *Narcisse à bouquets.* — A. Groupe de fleurs. — B. Fleur
coupée en long. — C. Pistil, l'ovaire coupé en travers. — D. Fruit.
— E. Fruit s'ouvrant. — F. Graine. — G. La même, coupée en
long. — H. *Perce-neige.*

Perce-neige (fig. 122, H) que les Parisiens vont aussi récolter au printemps à côté du canal de Versailles, ce
godet disparaît tout à fait, car il ne faut pas confondre
avec lui les trois sépales intérieurs rapprochés, plus
courts que les extérieurs et dont le sommet tronqué est
teinté en vert plus ou moins foncé.

L'ovaire est de même infère dans les *Amaryllis* (fig. 123, 124), que nous ne voyons chez nous qu'à l'état de plantes cultivées, et dont les fleurs, de diverses couleurs, sont bien plus grandes et plus belles que celles du Perce-neige. Le godet extérieur aux étamines a disparu. C'est cette plante qui a donné son nom au

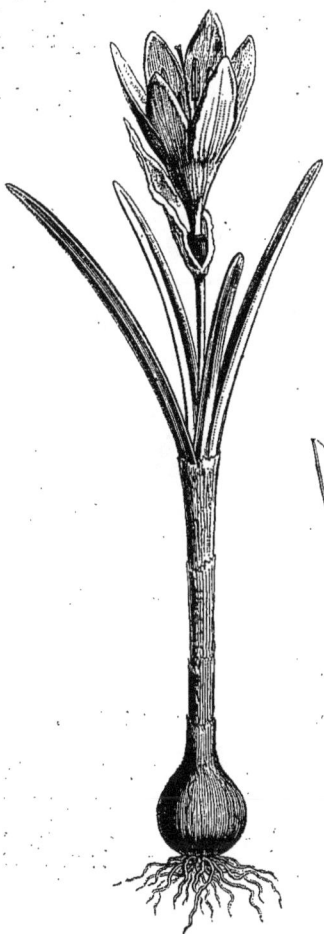

FIG. 123.
Amaryllis jaune.

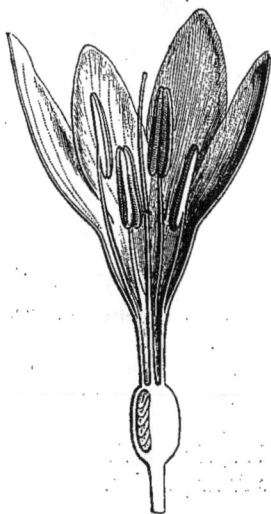

FIG. 124. — *Amaryllis jaune.*
Fleur coupée en long.

groupe dans lequel on place les Narcisses, celui des

Amaryllidées ; de sorte que, puisque l'existence du godet n'y est pas constante, on peut dire d'elles qu'elles ne se distinguent absolument des Liliacées que par leur ovaire infère.

On trouve dans nos bois une plante grimpante qui a

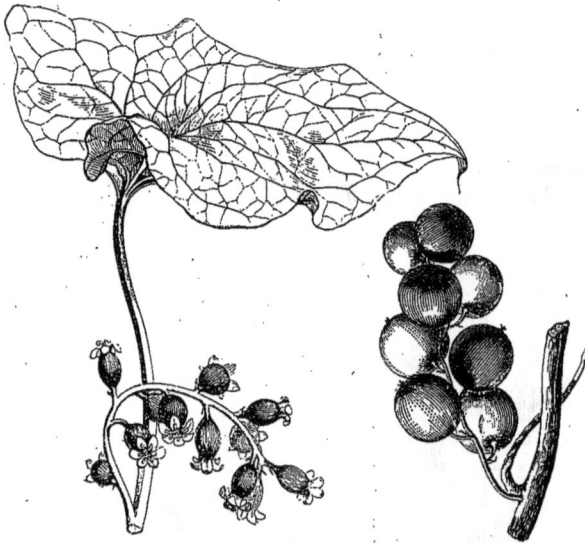

FIG. 125 ET 126. — *Tame.* Grappe de fleurs et de fruits.

des fleurs faites presque comme celles des *Amaryllis*, des fruits charnus analogues à des groseilles, mais non comestibles, et des feuilles de Liseron. C'est le *Tame*, qui représente chez nous les Dioscoréacées, très voisines des Amaryllidées.

VI

L'IRIS

Les grandes fleurs des *Iris des jardins* (fig. 127) sont encore plus faciles à observer que celles des Narcisses et

Fig. 127. — *Iris*. Fleurs.

du Perce-neige. Cette belle plante à calice bleuâtre ou violacé, qu'on appelle encore *Flamme* ou *Glaïeul bleu*,

présente une certaine ressemblance générale avec les Liliacées. Mais déjà dans le bouton on aperçoit à la partie
inférieure de la fleur un corps vert et allongé qui est l'o-
vaire (fig. 128), et dont on peut faire sortir, en le coupant,
de très nombreux petits ovules. En d'autres termes, l'ovaire de l'Iris est *in-fère*, comme celui des Narcisses, et non *supère*, comme celui des Lis et des Jacinthes.

Au-dessus de l'ovaire se trouve donc le calice, qui est, par conséquent, *supère;* et ce calice est également formé de six sépa-les colorés et disposés sur deux rangées ou *verticilles*, de trois pièces

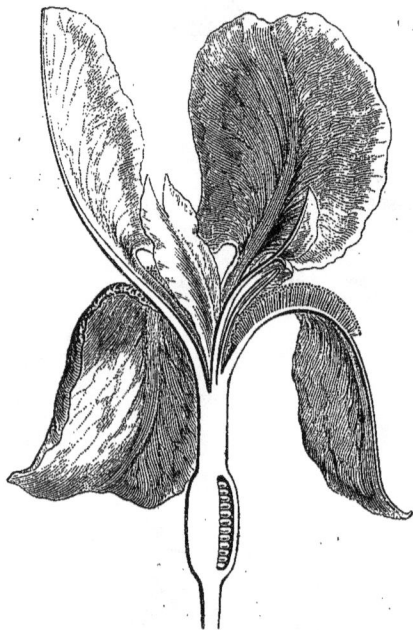

Fig. 128. — *Iris*. Fleur coupée en long.

chacun. Les trois sépales intérieurs ne sont pas exactement de même forme ni de même teinte que les trois
extérieurs; mais tous sont membraneux, délicats, comme
les pièces de la fleur que l'on nomme pétales dans la
Giroflée, et c'est pour cette raison qu'on dit, aussi bien
ici que dans les Liliacées et les Amaryllidées, que les
sépales sont *pétaloïdes*.

Mais il y a une grande différence entre les Iris et les

autres plantes dont nous venons de parler : c'est que leur fleur n'a que trois étamines placées en dedans des trois sépales extérieurs, et il n'y en a pas en dedans des sépales intérieurs. De plus, les anthères de ces étamines s'ouvrent par des fentes qui regardent en dehors, et non en dedans, comme dans les Jacinthes ; on dit en pareil cas que ces anthères sont *extrorses*.

L'ovaire de l'Iris est semblable à celui du Narcisse, mais les trois branches du style présentent une particularité qu'il faut remarquer en passant : elles sont pétaloïdes comme les sépales, larges, membraneuses, colorées, et elles forment en dehors une sorte de rigole concave dans laquelle s'abritent justement les étamines.

Le fruit est une capsule et les graines renferment un embryon *monocotylédoné*. Les Iris appartiennent donc, comme toute l'organisation de leur fleur pouvait d'ailleurs le faire penser, au même groupe que les Liliacées et les Amaryllidées. L'embryon est entouré d'un abondant albumen ; celui-ci est non pas charnu, mais dur comme de la corne (*corné*), et l'on a essayé de le substituer au café en le torréfiant avant de le réduire en poudre.

A une époque plus avancée de l'année, il y a un autre Iris commun dans les lieux humides ; c'est le *Faux-Acore* ou *Flambe des Marais*. Sa fleur est entièrement jaune.

Le Safran (fig. 131-133) est une plante du même groupe que les Iris, c'est une Iridée. Sa fleur a aussi six sépales de même couleur, trois étamines et un style à trois branches dilatées, colorées en jaune orangé, repliées sur elles-mêmes à la façon d'un petit éventail. Lors de l'épanouissement des fleurs, c'est-à-dire en automne, on arrache ces trois branches et l'on en prépare par dessiccation le Safran du commerce, qui est employé par les teinturiers, les confiseurs, les médecins. Ce safran cultivé a le calice violet. D'autres, qui fleurissent au printemps et qu'on cultive généralement sous le nom de *Crocus*, l'ont jaune, blanc ou panaché de violet. Tous ont pour portion souterraine un oignon ou bulbe (fig. 131, 132).

Il n'en est pas de même des Iris. Leur portion souterraine est une tige cylindrique qui se comporte comme

FIG. 129. — *Iris*. Plante avec son rhizome et ses feuilles rectinerves.

celle de la Mercuriale vivace, mais qui est beaucoup plus

FIG. 130. — *Iris de Florence.*

grosse, et aussi comme celle des Asperges. Elle produit

inférieurement de nombreuses racines (fig. 129), et il s'en dégage en dessus des branches qui viennent porter dans l'air des feuilles étroites, allongées, rectinerves, repliées sur elles-mêmes, et quelques fleurs terminant une hampe commune. Au lieu d'être un bulbe, la tige des Iris

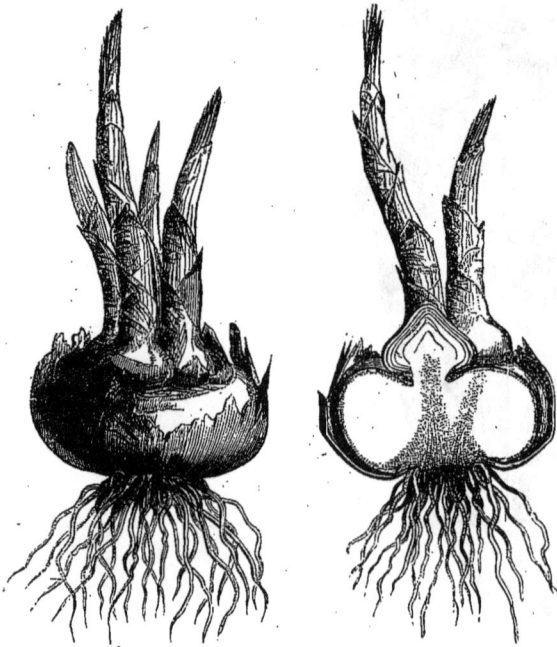

Fig. 131 et 132. — *Safran*. Bulbe entier et coupé en long.

est donc un *rhizome*. Dans une belle espèce à fleurs blanches qu'on voit quelquefois dans nos jardins, l'Iris de Florence (fig. 130), ce rhizome desséché est blanc et possède une agréable odeur de violette. On le râpe pour en faire une poudre parfumée, employée pour la toilette. On voit, d'après ce que nous venons de dire, qu'il faut bien se

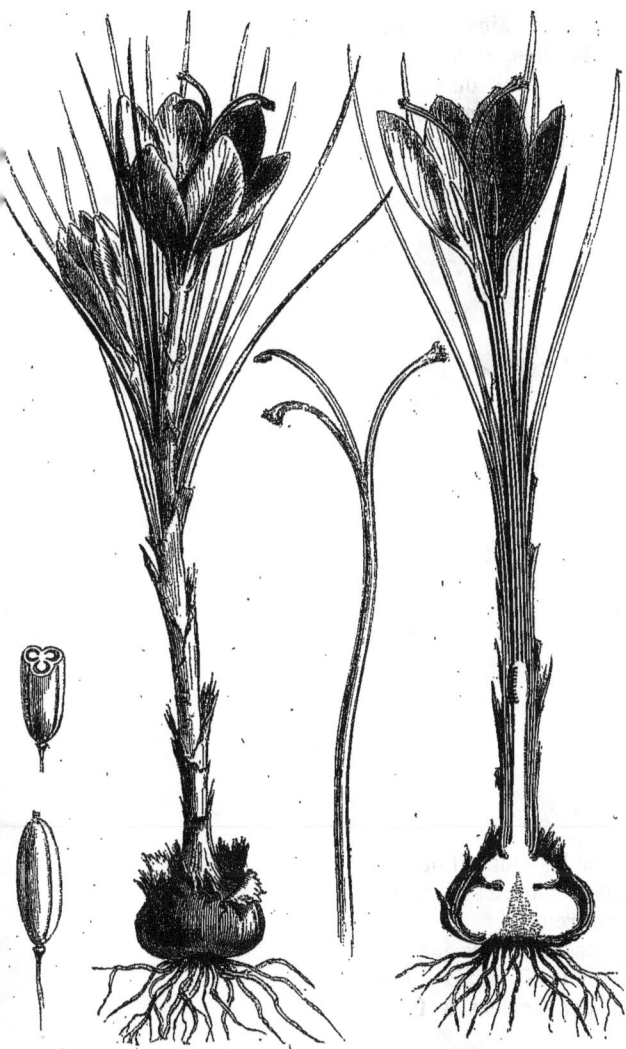

FIG. 133. — *Safran.* Plante entière et coupée en long. Style avec
ses trois branches. Ovaire entier et coupé en travers.

garder d'appeler racine cette portion souterraine qui porte elle-même les vraies racines et des feuilles, ou au moins leurs cicatrices quand les feuilles s'en sont détachées.

Ne quittons pas les Iridées sans les avoir de nouveau comparées aux Liliacées et aux Amaryllidées; nous verrons que les Liliacées ont l'ovaire supère, tandis que

Fig. 134. — *Ixia.*

les Iridées ont l'ovaire infère, comme les Amaryllidées, et que les Amaryllidées ont six étamines comme les Liliacées, tandis que les Iridées n'en ont que trois.

Il y a de jolies Iridées exotiques dans les jardins, notamment celles que l'on nomme *Tigridia*, *Ixia* (fig. 134), etc. Les Glaïeuls sont des Iridées à fleurs irrégulières.

VII

L'ORCHIS

C'est encore au printemps ou au commencement de
l'été que fleurissent, dans les prés et les bois, ces singuliers *Orchis* dont la fleur bizarre (fig. 135-137, 138) ressemble plus ou moins à certains insectes auxquels on a souvent comparés ces plantes et dont on leur a même donné le
nom; ainsi il y a un *Orchis-Mouche* (fig. 138), un *Orchis-
Abeille*, un *Orchis-Araignée*, et il n'est personne qui n'ait
remarqué la singulière configuration de leur calice, car
c'est cette partie de la fleur qui, au lieu d'être régulièrement étalée comme celle d'un Lis ou d'un Iris, devient
dans ces plantes si étrangement et si irrégulièrement
conformée.

En comptant les sépales, on voit bien qu'ils sont aussi
au nombre de six et qu'il y en a trois extérieurs et trois
intérieurs, répondant aux intervalles des premiers. Mais
ils ne sont semblables les uns aux autres, ni comme
taille, ni comme forme, ni comme couleur. Il y en a un
surtout, qui pend à la partie inférieure de la fleur et qui
appartient à la rangée intérieure, qui se distingue des
autres par ses dimensions et sa forme; il figure en bas
de la fleur une sorte de tablier ou de grande lèvre (ce qui
lui a fait donner le nom de *labelle*), parfois creusée en
sabot ou en capuchon, parfois prolongée en deux sortes
de bras ou de jambes, comme il arrive surtout dans

l'*Orchis* qu'on appelle *Homme pendu*. Il peut aussi lui

Fig. 135. — *Orchis mâle.*

arriver de se prolonger à sa base en une sorte de corne

creuse ou éperon. Mais là n'est pas la seule singularité
que présentent ces fleurs.

L'ovaire des Orchis est infère, comme celui des Iris
et des Amaryllis, et on le distingue très bien au-dessous
de la fleur en bouton, avec sa forme allongée et ses très
nombreux petits ovules. Mais, au-dessus du calice, ne
cherchez pas, comme dans les Lis ou les Iris, six ou trois
étamines, disposées circulairement autour du style. Vous

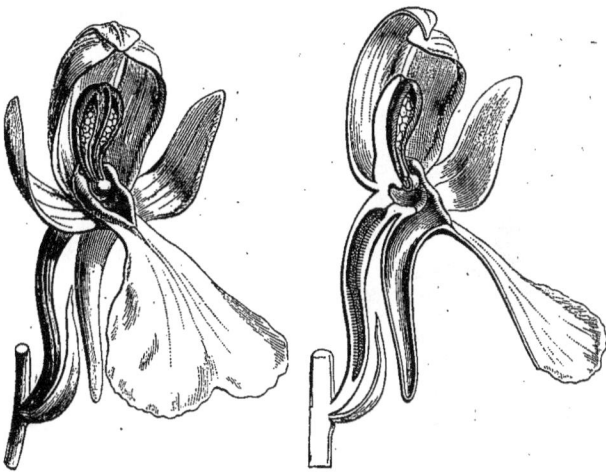

Fig. 136 et 137. — *Orchis mâle.* Fleur entière et coupée en long.

n'y verrez qu'une seule anthère, volumineuse, il est
vrai, occupant la partie supérieure de la fleur, et qui, au
lieu d'être supportée par un filet à elle, se trouve unie
au sommet d'un gros style en forme de colonne (fig. 136,
137). On dit, en pareil cas, qu'il y a *gynandrie* et que les
Orchis sont *gynandres.*

Le fruit des Orchis est sec et s'ouvre à sa maturité ;
c'est une capsule qui renferme un très grand nombre de
petites graines qu'on a comparées à de la sciure de bois
(*scobiformes*). Le fruit est donc *capsulaire.*

Les Orchis ont une tige garnie de feuilles alternes et
rectinerves, quoique un peu plus larges en général que
celles des Liliacées, Iridées, etc. Cette tige se termine
par un groupe allongé de fleurs. Là il n'y a plus de
feuilles proprement dites, mais des diminutifs de feuilles,

Fig. 138.
Orchis-Mouche.

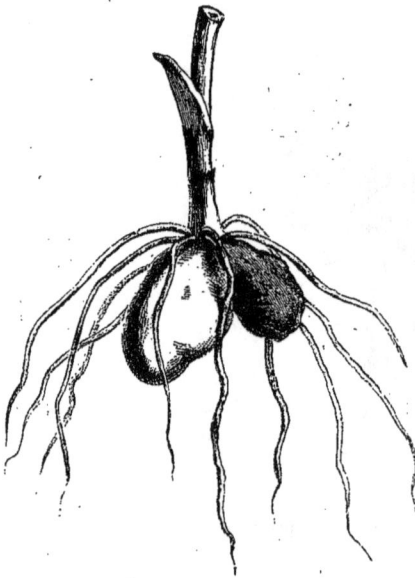

Fig. 139. — Orchis.
Pseudo-bulbes.

des languettes étroites et aiguës que l'on appelle des
bractées. Ces bractées ont au-dessus d'elles une aisselle,
tout comme les feuilles véritables, et chacune de ces
aisselles est occupée par une fleur. Il ne faut pas confondre avec un pédicelle ou petite queue de la fleur
l'ovaire infère, étroit et allongé des Orchis. On voit que

la fleur est elle-même directement attachée au fond de l'aisselle, et une pareille inflorescence est un *épi*. L'épi diffère donc de la grappe, comme celle de la Jacinthe des bois, par l'absence des pédicelles, et l'on dit ses fleurs *sessiles*.

Quant à la portion souterraine de la tige des Orchis (fig. 139) elle peut porter des racines ordinaires, grêles et allongées ; mais elle est en outre pourvue d'un ou deux gros renflements, de forme variable, ovoïdes ou aplatis et *palmés*, suivant les espèces. Ces *pseudo-bulbes*, comme on les appelle, sont gorgés à une certaine époque de substance alimentaire, notamment de fécule. On les dessèche, et on les réduit en une sorte de farine nourrissante et fortifiante, dont on fait un grand usage en Orient et qu'on nomme *salep*.

Les Orchis sont des Monocotylédones ; ils ont presque tous les caractères des autres Monocotylédones que nous connaissons ; mais ils s'en distinguent par l'irrégularité de leurs fleurs et

FIG. 140. — *Vanille*. Fleur.

leur gynandrie ; ils ont donné leur nom à l'immense et très remarquable famille des Orchidées.

Les Orchidées de notre pays sont curieuses sans doute ; mais combien ne le sont pas davantage ces splendides Orchidées des pays chauds, qu'on cultive dans beaucoup de serres, et dont les grandes fleurs (fig. 141, 142), à couleur souvent éclatante, à parfum souvent suave, se font

FIG. 141. — *Orchidée exotique.*

remarquer par leur ressemblance avec des papillons, des oiseaux, etc. Très souvent, ces Orchidées tropicales

croissent sur les arbres dans leur pays natal ; on les dit
épiphytes (fig. 142). Quelques-unes sont grimpantes et
appuient sur les objets voisins leurs longues tiges

FIG. 142. — *Orchidée exotique*, végétant sur un tronc d'arbre
(épiphyte).

flexibles ; telles sont les Vanilles (fig. 140), dont le fruit
mûr, plus charnu et plus long que ceux de nos Orchidées indigènes, répand une odeur délicieuse, due à une
essence très employée, comme l'on sait, par les par-
fumeurs, les confiseurs, etc.

VIII

LE ROSIER

Aux mois de mai et de juin commencent à fleurir les Rosiers sauvages que l'on nomme Églantiers (fig. 143). Bien plus tôt, au printemps, on peut étudier dans nos jardins et nos vergers les fleurs de plusieurs arbres fruitiers, les Pommiers, Poiriers, Pruniers, etc., qui ont avec celles des Rosiers les plus grandes analogies, comme nous le verrons bientôt.

Quand les Rosiers eux-mêmes sont à l'état de boutons (fig. 144), on voit, à la partie inférieure de ceux-ci, une partie qui surmonte la queue, et qui a tout à fait la forme d'une gourde, avec un col un peu rétréci, en haut duquel se trouve son ouverture.

Plus tard, la Rose simple s'épanouit, et cette portion en forme de gourde demeure exactement ce qu'elle était dans le bouton. Seulement les diverses parties de la fleur que supportent les bords de son orifice s'écartent les unes des autres, et l'orifice lui-même devient visible en haut et au centre de la fleur (fig. 145). Cette gourde est le *réceptable* de la Rose, et il est facile de voir que, comme l'objet auquel nous l'avons comparé, ce réceptacle est creux, est pourvu d'une cavité ; nous reviendrons tout à l'heure sur son contenu.

La seule partie de la fleur que, dans le bouton fermé, on puisse voir au-dessus du réceptacle, c'est le calice. Il

est formé de cinq sépales verts, qui, dans le bouton non
ouvert, sont rapprochés les uns des autres et cachent
d'abord complètement les pétales. Mais ils s'écartent
bientôt et s'étalent comme les cinq branches d'une

FIG. 143. — *Rosier*. Branche fleurie.

étoile. C'est alors surtout qu'on voit bien qu'ils ne
sont pas exactement pareils les uns aux autres, leurs
bords étant l'un et l'autre sans découpures, ou bien étant
l'un et l'autre garnis de franges inégales et profondes ; ou
bien un des sépales présentant un de ses bords entier et
l'autre profondément découpé. Remarquons que, comme
dans la Giroflée, la Mercuriale, le Lis, etc., ces sépales
sont entièrement libres jusqu'à leur base.

La corolle, située en dedans du calice, s'est étalée comme lui (fig. 143,145). On voit alors, disposés régulièrement autour du centre, ses cinq pétales blancs ou roses et parfaitement égaux entre eux ; on voit surtout que chacun d'eux répond à l'intervalle de deux sépales ; et l'on dit qu'il y a *alternance* entre les pièces du calice et celles de la corolle.

Tout le monde connaît ces pétales ou *feuilles* de Rose, comme l'on dit souvent. On peut arracher l'un d'eux sans

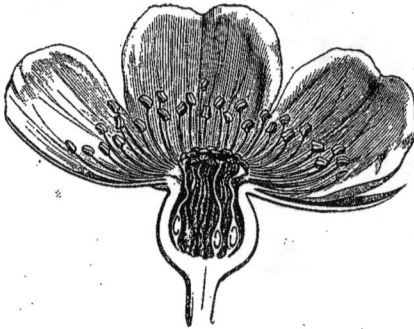

FIG. 145.   FIG. 145. — *Rosier.*
Rosier. Bouton.   Fleur coupée en long.

toucher aux autres, qui demeurent sur le réceptacle. Ils sont donc libres aussi, et la corolle est dite *polypétale* ou *dialypétale.* Une grande lame, délicate, odorante, constitue presque tout le pétale : c'est son limbe. Quant à son *onglet*, au lieu d'être très long et très étroit, comme celui de la Giroflée, il est ici très court et fort peu développé ; on peut dire qu'il n'y a presque pas d'onglet. Quand une corolle se présente avec ces caractères, quand elle est formée de cinq pétales libres, égaux, semblables à ceux de la Rose, on dit cette corolle *rosacée.*

Quand on a arraché les pétales ou qu'ils sont tombés d'eux-mêmes, car leur durée est éphémère, on ne voit plus sur le goulot du réceptacle, en dedans des sépales,

qui, eux, ne tombent pas et sont dits *persistants*, on ne
voit plus, dis-je, que les étamines. Contrairement à ce
que nous avons vu jusqu'ici, sauf toutefois dans les
Chênes et les Mercuriales, elles sont en
grand nombre. Chacune d'elles est formée d'un filet très grêle, blanc, et
d'une petite anthère à deux loges, introrse et de couleur jaune.

En enlevant toutes les étamines, on
ne voit plus de la fleur que le réceptacle, et, par l'ouverture de son goulot,
on voit sortir un petit corps blanchâtre, allongé, couvert de duvet. En
fendant le réceptacle dans sa longueur.
il est facile de constater que ce corps
blanchâtre est formé de la réunion d'un
grand nombre de baguettes minces,
accompagnées de poils soyeux, qui rem-
plissent la poche du réceptacle. Ces
baguettes, que l'on peut séparer les
unes des autres avec la pointe d'une
aiguille, sont autant de styles ; et on les
voit inférieurement se renfler en un petit
sac blanc, allongé ; c'est l'ovaire (fig.
146), qui renferme un ovule bien développé et qui part, à des hauteurs différentes, de la paroi intérieure du réceptacle.

La Rose a donc un pistil formé de tous
ces petits ovaires surmontés de leur
style, et ces ovaires sont contenus dans
le réceptacle, tandis que toutes les autres parties de la fleur sont portées par
l'orifice de son goulot.

Si l'on éprouve quelque difficulté à
bien voir ces diverses parties du pistil
dans la fleur, il n'en est plus de même
quand à celle-ci succède le fruit. Chaque
petit ovaire grossit, devient dur, plus ou moins anguleux,

Fig. 146.
Rosier. Un des
pistils, dont l'o-
vaire est ou-
vert pour mon-
trer un ovule
qu'il contient.

et renferme une graine dans laquelle est un embryon dicotylédoné. Ces fruits durs, et qui ne s'ouvrent pas, sont
autant d'*achaines* (fig. 148), et les achaines sont les véritables fruits du Rosier. On ne doit donc pas considérer
comme tel la gourde que représente le réceptacle et qui
enveloppe tous ces fruits. On sait qu'elle devient peu à peu
rouge ou noirâtre et assez charnue pour qu'on la mange
et qu'on en fasse même des confitures. Mais les véritables fruits ne se mangent pas, et il n'y a rien de désagréable comme leur contact avec la langue ou d'autres

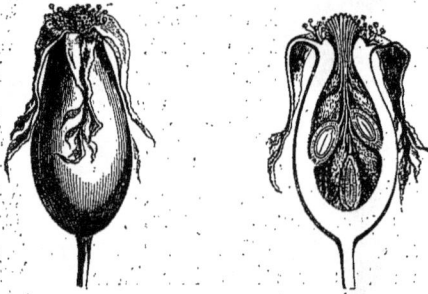

FIG. 147 ET 148. — *Rosier*. Fruit entier et coupé en long, montrant
les pistils dans la cavité du réceptacle.

parties de la bouche, à cause des poils soyeux et irri-
tants dont ils sont accompagnés.

On ne rencontre pas, en général, les Églantiers ou
Rosiers simples dans les jardins. Bien plus ordinairement, on y cultive des Rosiers à fleurs *doubles* (fig. 149),
qui affectent la forme d'un gros pompon dans lequel, au
lieu de cinq pétales seulement, il y a un grand nombre de
ces lames colorées, pleines d'une essence qui leur donne
une odeur suave et qu'on en extrait fréquemment, en
Orient, par la distillation. Quelle est l'origine de ces
belles fleurs doubles? On n'y trouve que peu ou point
d'étamines ayant conservé une anthère jaune et un filet
mince ; celui-ci, dans toutes ou dans presque toutes,
s'est dilaté en pétale odorant et coloré. La Rose dite à

cent feuilles, la Rose de Damas, la Rose de Puteaux sont surtout celles qu'on emploie à la préparation de l'essence et de l'eau de rose. Dans la ose rouge de Provins (fig. 149), employée en médecine, les pétales sont

FIG. 149. — *Rosier de Provins*, à fleurs doubles.

moins odorants; mais ils renferment une plus grande quantité d'une substance astringente, qui les fait recommander pour le traitement de certaines inflammations légères de la peau, des yeux, de la gorge, etc.

Que leurs fleurs soient simples ou doubles, les Rosiers
ont les mêmes tiges et les mêmes feuilles. Ce sont des
arbustes dont l'écorce est couverte de saillies superfi-
cielles, triangulaires ou plus ou moins arquées, dures,
qui piquent douloureusement et qu'on appelle des *aiguillons*, mais qui ne sont pas des *épines*.

Les feuilles (fig. 150) sont seules à leur niveau sur les
branches. Elles sont formées d'un nombre variable, mais
toujours impair de petites lames ovalaires qui s'attachent
toutes sur une baguette commune : l'une d'elles à son
extrémité; les autres en nombre égal, à droite et à gauche.
La baguette est la continuation de la queue ou *pétiole* de

FIG. 150. — *Rosier.* Feuille composée, à cinq folioles;
à sa base les stipules *st.*

la feuille ; c'est donc sa nervure principale. Les petites
lames sont autant de *folioles* dont la réunion constitue
une seule feuille. Celle-ci est dite *composée*, et il ne faut
pas prendre chaque foliole pour une feuille à part. Comme
les folioles et leurs nervures médianes sont disposées sur
la nervure principale de la même façon que les barbes sur
la tige d'une plume, on dit la feuille *composée-pennée;*
et comme il y a une foliole unique qui la termine, on la
dit *composée-pennée avec impaire* ou *imparipennée.*

Ce n'est pas tout : à la base du pétiole, on voit, de
chaque côté, une petite lamelle allongée et saillante,
qui demeure unie avec ses bords dans une assez grande

étendue. Ce sont les *stipules* du Rosier ; elles sont *latérales*, et elles tombent avec la feuille quand celle-ci se
détache des branches ; on dit,, en pareil cas, que ces stipules sont *pétiolaires ;* tandis que, dans la Mercuriale, où
elles demeurent sur la tige alors que la feuille s'en est
détachée, on les nomme *caulinaires*.

Souvent une Rose se trouve portée seule au sommet
d'un rameau ; on la dit alors *solitaire* et *terminale*. Mais
souvent aussi il y a sur la queue ou *pédoncule* de cette
Rose une ou deux feuilles réduites, de celles que l'on
appelle *bractées*. Ces bractées ont naturellement une
aisselle, et dans celle-ci il y a un bouton plus jeune que
la fleur par laquelle s'était d'abord terminée l'inflorescence ; on dit, en ce cas, que celle-ci est une *cyme ;*
d'où l'on voit que les fleurs de cette cyme, si peu nombreuses qu'elles soient ici, s'ouvrent en allant de dedans en dehors, c'est-à-dire que leur développement est
centrifuge ; ce qui est le caractère des cymes.

On sait que les Pruniers fleurissent avant les Rosiers
dans nos jardins. Qu'on les ait étudiés à l'époque de
leur floraison ou qu'on ait gardé leurs fleurs pour les
comparer à celles du Rosier, on verra qu'elles sont organisées de même, à deux différences près. Le réceptacle
forme une bourse moins profonde et plus largement ouverte que celui de la Rose ; et, au fond de cette bourse,
il y a, non pas un grand nombre de petits ovaires,
comme dans la Rose, mais bien un seul, muni de son
style, dont l'extrémité stigmatique est un peu renflée.

Le fruit, qui est la *Prune*, est aussi bien différent. Il
grossit très vite et ne demeure pas renfermé dans le réceptacle ; celui-ci ne s'accroît pas comme celui des Rosiers il demeure sec et finit souvent même par tomber. La
Prune parvenue à maturité a une portion extérieure
charnue et sucrée qui se mange, et une intérieure dure,
le *noyau*, qu'on rejette. Quand un fruit est ainsi composé,
on l'appelle une *drupe*. C'est dans son noyau que se
trouve la graine, et celle-ci est pareille, en grand, à
celle des Rosiers ; mais elle est, vu ses dimensions, bien

plus facile à étudier. Elle a (fig. 151) une peau exté-

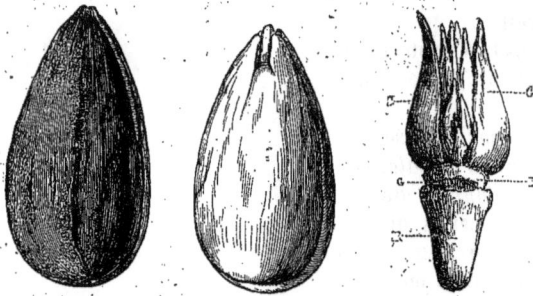

FIG. 151, 152 ET 153. — *Amandier*. Graine. Embryon. Portion centrale de l'embryon (grossie) : T Tigelle courte. R Radicule. G Gemmule ou bourgeon terminal.

rieure qui s'appelle le *tégument*, et, à l'intérieur, un

FIG. 154 ET 155. — *Cerisier*. Groupe de fleurs. Fruit coupé en long.

gros embryon (fig. 152) avec lequel on fait une liqueur fermentée. Cet embryon a deux énormes cotylédons; en les écartant l'un de l'autre, on voit qu'ils sont fixés par

FIG. 156. — *Pêcher*. Branche feuillée.

leur base sur une courte tige ou *tigelle*. Celle-ci est surmontée d'un bourgeon, la *gemmule*; et sa base se continue avec une petite extrémité conique qu'on nomme *radicule* (fig. 153).

Le Cerisier (fig. 154, 155) est du même genre que le Prunier : il a la même fleur et pour fruit une drupe dont le noyau, court et lisse, peu épais, renferme la graine. Le Cerisier des bois, qu'on nomme Merisier, est recherché pour son fruit, semblable à une petite cerise peu charnue, et qui sert à fabriquer le *kirsch*. Les Pêchers (fig.156) et les Amandiers ont aussi la fleur des Pruniers ; mais la

FIG. 157. — *Poirier*. Branche fleurie.

Pêche, fruit du premier, a un fruit à peau veloutée et un noyau très dur, très épais, à surface inégale et rugueuse ; et l'Amande (fig. 151-153) n'a qu'une chair verte et peu épaisse, coriace, autour de son noyau ; elle finit même par se dessécher complètement, de sorte que ce fruit n'a plus le caractère d'une drupe.

Toutes ces plantes sont des arbres et ont un tronc ligneux ; et leurs feuilles, qui ne grandissent qu'après la floraison, ne sont pas composées, comme celles du Rosier; mais bien simples, dentelées sur les bords et à nervures pennées; elles sont aussi accompagnées de stipules.

Les feuilles sont analogues à celles-ci dans les Pommiers et les Poiriers (fig. 157 et 158), et leurs fleurs sont, quant aux parties extérieures, semblables à celles des Pruniers. Mais leur pistil est formé de cinq ovaires qui, au lieu de demeurer libres, restent enchâssés dans la gourde réceptaculaire à laquelle ils adhèrent intérieu-

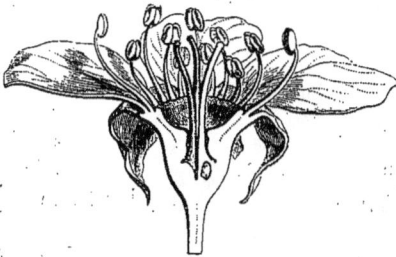

Fig. 158. — *Poirier*. Fleur coupée en long.

rement. Comme dans les Rosiers, cette gourde s'épaissit, devient charnue; et c'est sa chair que l'on mange, à la maturité, dans les Poires ou les Pommes, dont les graines, nommées *pépins*, renferment un embryon analogue à celui des Pruniers et des Rosiers. Au sommet de la Poire ou de la Pomme, il y a un *œil*, qui n'est autre chose que l'ouverture supérieure de la gourde réceptaculaire, et souvent, autour de cet œil, on voit encore cinq petites languettes desséchées qui ne sont autre chose que les sépales persistants et entourant souvent aussi des restes d'étamines flétries.

IX

LE FRAISIER

La corolle est *rosacée* dans les Pruniers et les Poiriers, tout comme dans les Roses elles-mêmes.; et c'est
là un caractère commun à la plupart de nos *Rosacées*. Il
en est de même dans le Fraisier et dans les Ronces, notamment dans le Framboisier, qui est une espèce de

Fig. 159. — *Fraisier.*

Ronce, nommée la Ronce du mont Ida. Aussi ces plantes
appartiennent-elles également à la famille des Rosacées; mais le réceptacle de leurs fleurs présente une
particularité de forme qui doit nous arrêter un instant.
La gourde, très profonde, du Rosier et du Poirier

était déjà devenue une coupe moins profonde et à orifice plus large dans le Prunier. Dans le Fraisier (fig. 161), elle est si large et a si peu de profondeur que ce n'est plus qu'une écuelle sur les bords de laquelle sont portés les

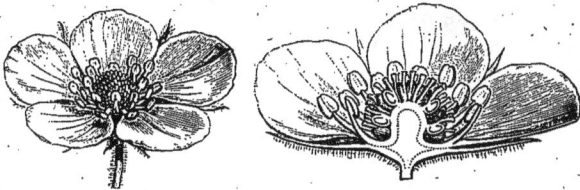

FIG. 160 ET 161. — *Fraisier*. Fleur entière et coupée en long.

pétales, les étamines, les sépales, et, en dehors d'eux, d'autres petites lames vertes formant ce qu'on nomme le *calicule*. Le centre de cette écuelle se relève, comme il arrive du fond d'une bouteille ordinaire; et c'est sur

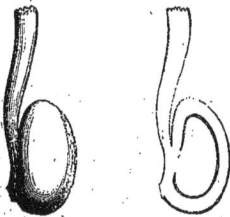

FIG. 162 ET 163.
Fraisier. L'un des pistils, entier et coupé en long.

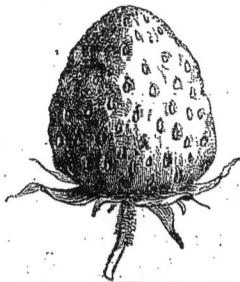

FIG. 164. — *Fraisier*. Fruit multiple (*Fraise*).

cette portion relevée, conique, que sont portées les parties du pistil (fig. 160 et 161), celles qui dans la Rose étaient enfermées dans la gourde du réceptacle. Aussi, quand ces diverses parties deviennent chacune un petit achaine, comparable à celui des Rosiers et renfermant

chacun une graine, tous ces achaines sont parfaitement
libres et forment autant de petits grains jaunâtres qui ne
sont pas comestibles. On mange cependant la Fraise
(fig. 164), nommée fruit du Fraisier, et l'on sait bien que
c'est un corps conique ou ovoïde, charnu, succulent, le
plus souvent rouge à sa surface. Qu'est-ce que ce corps?
Le réceptacle qui a grossi, qui est devenu rouge et charnu,
à peu près comme celui de la Rose, mais qui, d'une
forme différente, est recouvert par les véritables fruits,
au lieu de les envelopper complètement.

Le Fraisier est une herbe vivace. Sa tige est courte
et souterraine; c'est un rhizome. Il envoie dans l'air un
bouquet de fleurs portées sur une hampe commune, et,

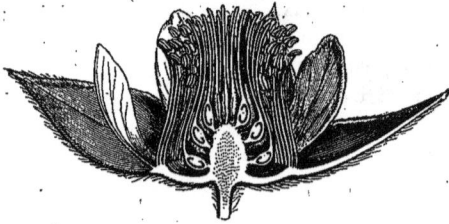

Fig. 166. — *Ronce*. Fleur coupée en long.

autour de celles-ci, des feuilles qui ont un pétiole, un
limbe à trois folioles et des stipules à la base. Ces
feuilles ont une aisselle, et, dans celle-ci, un bourgeon.
Assez souvent ce bourgeon s'allonge en une longue
branche flexible, qui porte çà et là quelques petites
feuilles (fig. 159). Cette branche s'appelle *coulant*. Elle
traîne sur terre, et souvent, là où elle est en contact
avec le sol, elle développe, au niveau des feuilles, un
petit faisceau de racines adventives. Quand les racines
sont bien développées, on peut couper entre elles et la
plante mère le coulant du Fraisier; et l'on obtient ainsi
une nouvelle petite plante, qui plus tard grandira et
portera fleurs et fruits. Ailleurs, avec le temps, le coulant se détruit spontanément, et c'est ainsi qu'outre ses

graines, le Fraisier possède un moyen de multiplication très actif.

Il y a peu de différences entre un Fraisier et une Ronce (fig. 165). Les fleurs sont les mêmes, sauf l'absence du calicule dans la dernière. Le fruit est très analogue aussi. Cependant il est facile de voir que le réceptacle

FIG. 165. — *Ronce*. Branche fleurie.

conique y devient dur et insipide, et qu'on ne peut le manger comme celui de la Fraise. Il y a pourtant tout un ensemble de petits corps arrondis et charnus qu'on mange dans une Ronce. Ce sont les véritables fruits, ceux qui demeurent secs dans la Fraise. Ici ils sont devenus tout autant de petites drupes; car on sent craquer sous la dent leurs noyaux, qui renferment chacun une graine. Dans une Framboise (fig. 168), qui est le

fruit d'une Ronce, comme nous l'avons dit, on mange
aussi de nombreuses petites drupes, des cerises en miniature. Les Ronces ont des tiges ligneuses, chargées
d'aiguillons piquants, comme celles des Rosiers. Elles se
tiennent dressées dans le Framboisier, tandis que dans
les Ronces de nos champs elles sont longues, flexibles

FIG. 167. — *Ronce*. Fruits. FIG. 168. — *Framboise*.

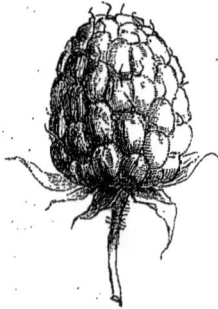

et se couchent en s'enchevêtrant sur le sol, à peu près
comme les coulants plus flexibles des Fraisiers.

Quand à une seule fleur succède ainsi, non un fruit
unique, mais un groupe de fruits, soit d'achaines comme
dans la Fraise, soit de drupes comme dans la Framboise,
on dit que le fruit total est *multiple*. Il ne faut pas confondre un semblable fruit avec une Mûre, qui a une
forme extérieure fort analogue et qui cependant résulte
d'un grand nombre de petites fleurs distinctes; une Mûre
est ce qu'on appelle un *fruit composé*.

X

LE COQUELICOT

Les moissons commencent à s'émailler dé Coquelicots (fig. 169) : il faut en cueillir les boutons au moment où ils vont s'épanouir, mais avec précaution ; car l'enveloppe verte du bouton, qui est le calice, se détache avec la plus grande facilité par sa base. C'est comme une coiffe qui tombe à terre quand elle est poussée par la corolle qui s'allonge. On voit qu'elle est formée de deux pièces. En d'autres termes, le calice du Coquelicot se compose de deux sépales qu'on dit *fugaces*, à cause de leur peu de durée.

Alors peuvent s'étaler les pétales, qui étaient chiffonnés dans le bouton, qui se déplissent et apparaissent comme quatre lames rouges, semblables d'ailleurs aux pétales de la Rose, c'est-à-dire pourvus d'un onglet extrêmement court. Quand ils sont bien déplissés, ils se trouvent disposés comme ceux d'une Giroflée ; il y en a deux qui sont en face l'un de l'autre, et deux autres qui sont en croix avec les précédents et répondent à leurs intervalles. Seulement, les pétales de la Giroflée ont un long onglet étroit, qui ne se retrouve pas ici.

Il y a beaucoup d'étamines noirâtres en dedans des pétales du Coquelicot, et elles ne durent guère plus que les pétales, c'est-à-dire une journée environ. Par leur nombre, ces étamines rappellent celles d'une Rose, et

aussi par leur structure ; car elles ont chacune un filet
grêle et une anthère courte, à deux loges. Mais leur façon
de s'attacher au réceptacle de la fleur est bien différente.

Il n'y a pas, en effet, de réceptacle en forme de gourde
dans un Coquelicot, et les étamines n'y sont pas atta-

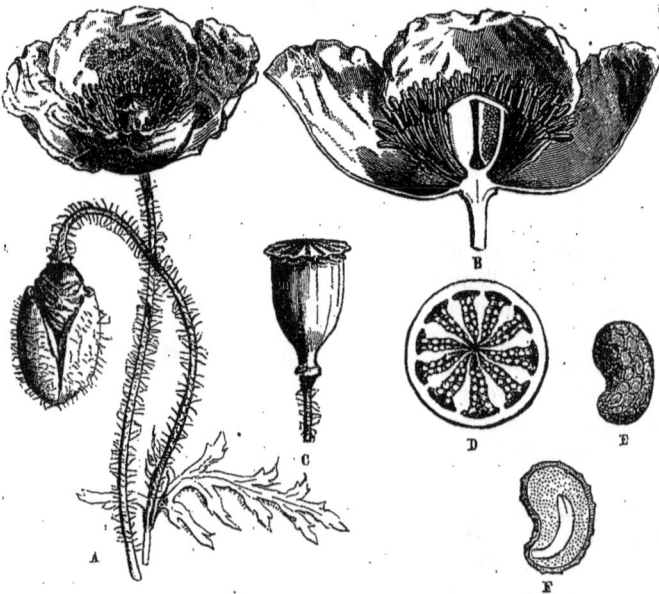

FIG. 169. — *Coquelicot*. A. Fleur et bouton. — B. Fleur coupée en
long. — C. Fruit. — D. Le même coupé en travers. — E, F. Graine
(grossie) entière et coupée en long.

chées plus haut que le pistil. Mais on voit, au centre de
la fleur, une boule verte qui est remplie de petits ovules,
et qui est, par conséquent, l'ovaire ; et, tout autour de la
base d'une sorte de pied court qui supporte cet ovaire,
on voit s'insérer et les étamines, et les pétales, et les
sépales. Ils sont donc attachés plus bas que l'ovaire sur
le réceptacle de la fleur.

Une sorte de bouclier couronne l'ovaire (fig. 169.C, 170); c'est le style, qui prend ici une forme toute parti- culière, bien différente de celle de colonne qu'il présente si souvent. Mais la forme des organes varie constamment d'une plante à l'autre, sans que cela ait grande impor- tance. Cette sorte de bouclier a un pied très court, et, sur sa face supérieure, on voit des rayons qui partent du

FIG. 170, 171 ET 172. — *Pavot*. Fruit. Graine (grossie) entière et coupée en long.

centre comme les branches d'une étoile. Ce sont autant de petits sillons qui sont garnis du tissu stigmatique, sous forme d'un velouté court.

L'ovaire du Coquelicot va bientôt devenir un fruit. Il est sec et renferme un grand nombre de graines fines; en agitant le fruit près de l'oreille, on les entend qui s'entre-choquent à l'intérieur. Quand le fruit est bien mûr, bien sec, on voit, au-dessous du style en forme de

bouclier, s'abaisser un certain nombre de petits panneaux triangulaires disposés en cercle, et c'est par là
que sortent les graines (fig. 170).

Elles ont la forme d'un petit haricot ou d'un rein;
elles sont *réniformes*. A la loupe, on voit leur enveloppe
revêtue d'une sorte de réseau. A l'intérieur, elles renferment une masse charnue qui, écrasée, tache, comme
l'huile, un papier buvard. Cette masse comprend un petit embryon dicotylédoné et un albumen (fig. 171, 172).

Il y a des Coquelicots dans les jardins; souvent ce sont
des variétés à pétales blancs ou roses, ou de deux couleurs à la fois. Souvent aussi ils sont doubles; c'est-
à-dire qu'ils ont plus de quatre pétales, et que, comme
dans les Roses, un certain nombre d'étamines ont été
remplacées par des pétales plus étroits que les quatre
extérieurs.

Les Coquelicots sont des *Pavots*; il y en a dans les
champs plusieurs espèces : le *Pavot-Coquelicot* vrai, que
nous connaissons; le *Coquelicot douteux*, qui a un fruit
bien plus long et plus étroit, en forme de courte massue;
le *Coquelicot hybride*, dont le fruit court est hérissé de
soies. Il y en a aussi plusieurs espèces qui ne se trouvent
chez nous qu'à l'état de culture et qui viennent de
l'Orient; ce sont nos Pavots proprement dits (fig. 173).

Toutes leurs parties sont glabres et glauques. Leurs
fleurs varient du blanc au pourpre noirâtre le plus foncé.
Leur fruit est gros, rond, allongé ou déprimé, et se
nomme *tête* de Pavot. On l'emploie en médecine, et cela
parce qu'il contient de l'*Opium*, substance qui calme les
douleurs et qui fait dormir. De là le nom de *Pavot som-
nifère* que l'on a donné à cette espèce. Elle a deux
variétés distinctes : l'une dont les graines sont blanchâtres et dont le fruit ne s'ouvre pas à sa maturité; on l'appelle *Pavot blanc*, et c'est surtout lui qui fournit l'opium;
l'autre qui s'ouvre, comme le Coquelicot, par des panneaux, et dont les graines sont noirâtres; c'est le *Pavot
noir*. On le cultive en grand dans plusieurs parties de la
France, non pour l'employer comme médicament, mais

FIG. 173. — *Pavot-Œillette*.

pour écraser ses graines, dont on retire l'*huile d'Œil-
lette*. Il est cependant riche aussi en opium et, par suite,
vénéneux, sauf ses graines, qui n'en contiennent pas.

L'Opium n'est autre chose que le suc laiteux qui se
trouve dans presque toutes les parties des Pavots et qui
s'écoule quand on coupe ou déchire ces parties. C'est
surtout du fruit vert qu'on l'extrait en Orient. En se des-
séchant, il devient solide et brunâtre et s'expédie dans
le monde entier sous forme de pains ou de galettes.

Chez nous, les Pavots et Coquelicots ne durent qu'une
saison. Ce sont des herbes annuelles. Elles ont des
feuilles alternes, parse-
mées de poils rudes dans
les Coquelicots, et plus
ou moins découpées.
Leurs fleurs sont ter-
minales et situées au
bout d'un long pédon-
cule. Tantôt elles sont
solitaires, et tantôt, sur
les côtés de la pre-
mière, il s'en produit
quelques-unes, plus jeu-
nes, comme dans les Ro-
siers.

Il y a dans les champs,
dans les décombres, le
long des murailles, une
plante qui se rapproche
beaucoup des Pavots et
qui a, comme eux, qua-

FIG. 174. — *Chélidoine.*

tre pétales, mais jaunes, et deux sépales fugaces. Mais
son suc est jaune orangé, irritant, et son fruit est étroit
et allongé, comme la silique des Crucifères. C'est la *Chélidoine* ou *Grande-Éclaire* (fig. 174).

XI

L'ŒILLET

Il y a de beaux Œillets doubles dans les jardins. Ils
sont monstrueux, comme les Roses et les Pavots doubles.
Il faut en choisir de simples, ou bien récolter ceux à
petites fleurs de nos bois et de nos champs, qui sont toujours simples.

Leur bouton est d'abord enveloppé par le calice. C'est
une sorte de tube, dont l'ouverture supérieure est dé-
coupée de cinq dents. Les sépales ne sont donc pas
libres, comme ceux de la Giroflée, de la Rose ; ils sont
unis dans une grande étendue, et l'on dit que le calice
est *gamosépale*. A sa base, il est accompagné d'une
petite collerette formée de quelques bractées ; c'est le
calicule de l'Œillet (fig. 175, 178, 179).

En déchirant le calice, s'il ne le fait pas spontanément,
on aperçoit la corolle jusqu'à sa base. Elle n'est pas sans
analogie avec celle de la Giroflée ; non par le nombre des
pétales, car ici il y en a cinq, mais par leur forme, car
chacun d'eux a un onglet étroit, incliné sur le limbe, qui
finit par s'étaler horizontalement. Il a ses bords entiers
ou découpés de dents, et c'est lui qui est odorant dans
les Œillets, c'est-à-dire qu'il renferme une essence dont
le parfum est très intense. Une corolle comme celle de
l'Œillet est appelée *caryophyllée*.

En arrachant les pétales, on aperçoit plus nettement

les étamines, et l'on en compte dix, dont cinq plus longues que les autres. Chacune d'elles a un filet blanc et
une anthère à deux loges. Toutes elles s'insèrent, comme

FIG. 175, 176 ET 177. — *Œillet de Chine*. Branche fleurie. Fleur
coupée en long. Étamines et pistil coupés en travers.

dans les Pavots, au-dessous de la base de l'ovaire ou du
pied court qui le supporte.

Nous voyons donc que dans cette fleur il y a, avec cinq

pétalés, dix étamines (fig. 176). Cinq d'entre elles répondent aux intervalles des pétales et appartiennent à une
rangée ou verticille ; les cinq autres sont situées dans l'intervalle des premières, c'est-à-dire en dedans des onglets

FIG. 178. — *Œillet des fleuristes.*

des pétales ; elles forment un second verticille. Quand
une fleur a ainsi deux fois autant d'étamines que de pétales, on la dit *diplostémonée.*

Supporté, comme nous l'avons dit, par un pied court,

l'ovaire de l'Œillet est situé plus haut que la base des étamines; il est donc *supère*. Il est rempli d'ovules blancs, et surmonté d'un style à deux branches qui ressemblent à deux barbes de plume. Quand l'ovaire est devenu un fruit et que celui-ci, mûr et sec, s'ouvre à son sommet par des dents qui s'écartent, on trouve que cette capsule à une grande ressemblance avec ce qu'était le calice. Par l'ouverture de son sommet s'échappent les

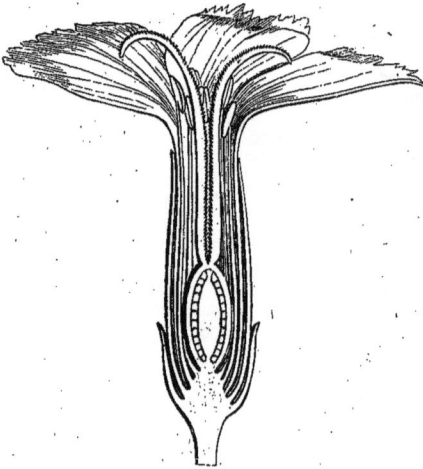

FIG. 179. — *Œillet des fleuristes.* Fleur coupée en long.

graines. Leur enveloppe noirâtre, rugueuse, recouvre un embryon dicotylédoné et un albumen qui est farineux.

Les Œillets sont des herbes qui vivent plusieurs années, c'est-à-dire vivaces. Leurs tiges présentent de distance en distance des nœuds plus ou moins renflés, et c'est là que naissent les feuilles, qui sont étroites, allongées et opposées. Souvent ces tiges sont flexibles et se couchent sur le sol. En les enterrant là où elles sont ainsi en contact avec un milieu humide et obscur, on détermine la formation de ces racines dites *adventives*, qui se

produisent d'elles-mêmes sur les stolons du Fraisier, et
l'on multiplie ainsi les Œillets par marcottage.

Fig. 180. — *Saponaire.*

Une branche d'Œillet peut se terminer par une fleur

solitaire. Mais, comme il y a au-dessous de cette fleur un certain nombre de paires de feuilles réduites comme taille, qu'on nomme *bractées*, si dans l'aisselle d'une de ces paires de bractées il se produit un bouton, on a trois fleurs, dont deux plus jeunes et plus extérieures : c'est là une *cyme bipare*, et l'on appelle fleurs secondaires les deux latérales. Dans certains Œillets, les queues ou pédicelles de ces fleurs latérales portent aussi des bractées opposées, des fleurs naissent dans l'aisselle de ces bractées et s'épanouissent plus tard encore que les secondaires : ce sont les *tertiaires*, et ainsi de suite.

Dans l'*Œillet des poètes*, qu'on appelle encore *Bouquet parfait*, il y a ainsi beaucoup de fleurs dans la cyme ; et comme, en outre, leurs pédicelles sont très courts, elles paraissent toutes très rapprochées au sommet des branches, et l'on dit les cymes *contractées*.

C'est de cette dernière façon que la cyme se comporte dans la Saponaire (fig. 180), plante très analogue à l'Œillet, qu'on cultive assez souvent et qu'on trouve à la campagne, sur le bord des chemins et les berges des fossés. Son calice et ses pétales sont analogues à ceux des Œillets, mais on n'y trouve pas de calicule, et au point d'union du limbe des pétales avec l'onglet il y a une petite saillie fourchue, appartenant à une collerette qu'on nomme *coronule*. Le fruit s'ouvre en haut par quatre dents, et, dans les graines, l'embryon très développé entoure l'albumen, qui est farineux. Cette plante doit son nom à ce que toutes ses parties, notamment sa portion souterraine, font mousser l'eau, comme le savon, et servent, comme lui, à enlever les taches sur certaines étoffes que le savon endommagerait.

XII

LE GÉRANIUM

Il y a dans les campagnes de France quelques beaux

Fig 181. — *Géranium Bec de Grue.*

Géranium à grandes fleurs, bleues dans l'un d'eux, que

l'on nomme *Géranium des prés*; d'un rose vif dans un
autre, qui est le *G. sanguin*. Mais une espèce bien plus
commune, qui est une mauvaise herbe des bois humides,
des buissons, des haies, des vieux murs, est l'*Herbe à
Robert* ou *Bec de Grue* (fig. 181), dont les fleurs sont, mal-
heureusement, plus petites, mais encore assez faciles à
étudier, et ressemblent beaucoup, comme nous allons voir,
à celles de l'Œillet.

Elles ont, en effet, cinq sépales, cinq pétales, dix
étamines, dont cinq plus grandes. Mais elles diffèrent de
celles de l'Œillet en ce que les sépales sont libres, les

Fig. 182. — *Géranium*. Fleur.

pétales pourvus d'un onglet plus court, les étamines mu-
nies de filets dilatés en lame à leur base.

Le pistil est bien plus différent encore. Son ovaire
présente cinq bosses qui répondent à autant de loges, et
le grand style qui le surmonte est supérieurement partagé
en cinq branches stigmatiques. Avec quelque attention,
on peut remarquer que chacune de ces branches est en
face d'un des pétales. Si l'on coupe l'ovaire en travers,
on voit que chacune de ses cinq loges renferme deux petits ovules; ce sont des loges *biovulées*.

Le fruit du *Géranium* (fig. 184) est aussi très caractéris-
tique. Avant sa complète maturité, il ressemble en grand à
ce qu'était le pistil. Mais quand il est devenu mûr et sec, on
voit chacune des loges du fruit se détacher par le bas
d'une colonne centrale, et se relever tout en s'enroulant

de bas en haut et de dedans en dehors sur une sorte de
baguette étroite qui, à la suite de la loge, se détache des

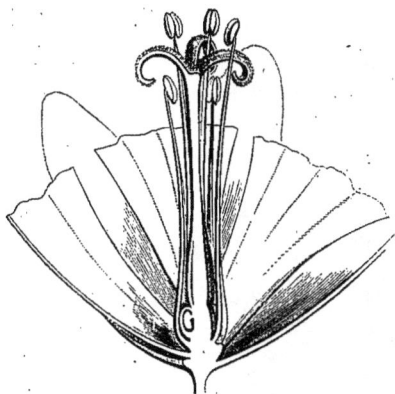

FIG. 183. — *Géranium*. Fleur coupée en long.

côtés du style. Plus il fait sec et plus ces cinq singuliers

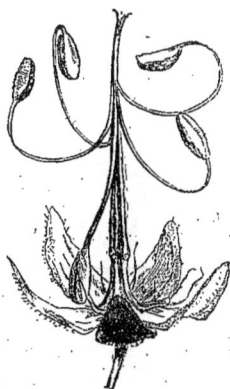

FIG. 184.
Géranium. Fruit s'ouvrant.

FIG. 185, 186. — *Géranium*. Graine
entière. Embryon (grossi).

corps se séparent facilement de l'axe du fruit; plus
facilement aussi, au moins dans certaines espèces, ils

s'enroulent sur eux-mêmes en tire-bouchon, pour se dé-
rouler quand le temps devient humide ; et c'est à cause
de ces variations que l'on entend dire à bien des gens
que ces fruits constituent un petit baromètre ou un hy-
gromètre primitif. Chaque loge du fruit contient deux
graines, ou plus souvent une seule ; l'embryon y est plus
ou moins replié sur lui-même (fig. 185, 186).

Le Géranium Herbe à Robert est une herbe qui ne vit
qu'une année. Ses feuilles sont très profondément dé-

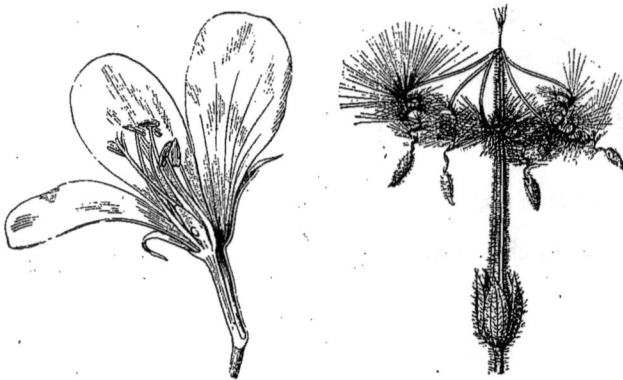

Fig. 187 et 188. — *Pelargonium*. Fleur coupée en long
et fruit s'ouvrant.

coupées, rougeâtres, odorantes ce qui est dû à des
glandes dont leur surface est parsemée. A leur base se
voient des stipules. Les fleurs terminent les rameaux et
sont disposées assez lâchement en cymes.

On voit l'été, dans nos parterres, de très jolies plantes
du Cap de Bonne-Espérance qu'on cultive en massifs pour
leurs belles fleurs rouges, roses ou blanches, et qui mour-
raient en plein air pendant nos hivers. Beaucoup de personnes leur donnent le nom de *Géranium* comme à nos
herbes indigènes. Ce sont des *Pelargonium* (fig. 187, 188);
ils ont souvent les feuilles arrondies, zonées de pourpre
brunâtre, et leurs fleurs sont irrégulières. Leurs cinq péta-

FIG. 189. — *Lin cultivé*.

les sont dissemblables comme couleur et comme largeur,

et ils n'ont d'anthères qu'à sept ou huit de leurs étamines.
L'odeur de leurs feuilles est souvent forte et désagréable;
mais dans l'un d'eux, que l'on nomme *Pelargonium Ro-
sat*, elle rappelle beaucoup celles des pétales du Rosier.
Aussi servent-elles, en Algérie et ailleurs, à faire une
essence qui se vend fréquemment pour de l'essence de
Roses.

Il y a beaucoup de plantes communes qui se rappro-

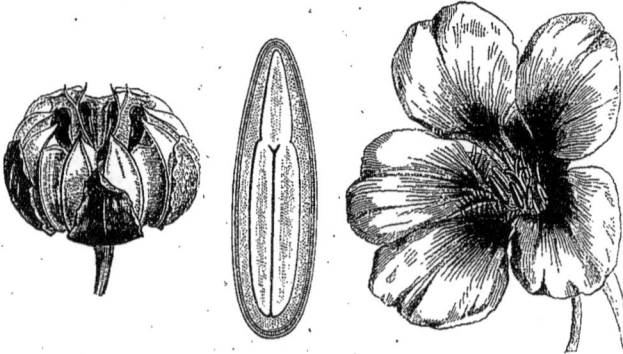

FIG. 190 ET 191. — *Lin*. Fruit   FIG. 192. — *Capucine*.
et graine coupée en long.   Fleur.

chent de celles qui précèdent. Le Lin (fig. 189), dont l'é-
corce nous donne des fibres qui servent à faire du linge,
a ses fleurs organisées à peu près comme les fleurs régulières des *Geranium* et en diffère surtout par son fruit,
qui est une capsule à dix graines (fiig. 191). Ces graines
(fig. 191) servent à faire l'huile de Lin. Les Capucines
(fig. 192) qu'on cultive dans nos demeures et qui viennent du Pérou, ont des fleurs irrégulières, très analogues à celles des *Pelargonium*. Leur fruit est formé de
trois portions arrondies, renfermant chacune une seule
graine.

XIII

LA MAUVE

Il y a deux Mauves très communes tout l'été : l'une, sur le bord des chemins, à fleurs d'un rose pâle ; c'est la Petite

Fig. 193. — *Mauve.*

Mauve ; l'autre, principalement dans les bois, à fleurs plus grandes, plus foncées : c'est la Grande Mauve (fig. 193).

Leur fleur rappelle beaucoup celle d'un *Geranium*; elle a un calice à cinq parties. Mais en dehors de celui-ci

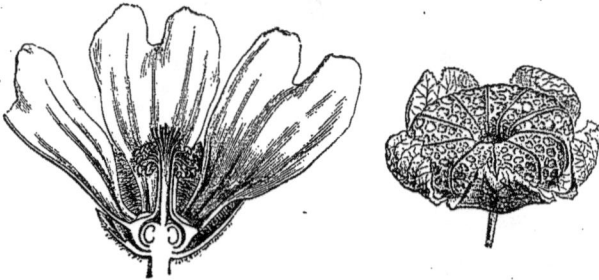

FIG. 194 ET 195. — *Mauve*. Fleur coupée en long et fruit.

il y a comme un second calice, également vert : c'est le *calicule* (fig. 194). En dedans se trouve la corolle ; elle est

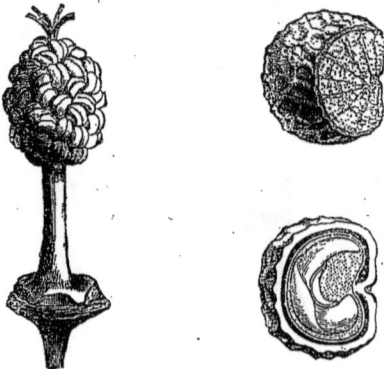

FIG. 196, 197 ET 198. — *Mauve*. Étamines et pistil. Une des loges du fruit, entière et coupée en long.

formée de cinq pétales ; mais ceux-ci sont unis à leur base dans une faible étendue, et quand la corolle fanée, tordue sur elle-même, vient à tomber, elle le fait d'une seule pièce.

En dedans de la corolle il y a beaucoup d'étamines

FIG.199 . — *Guimauve.*

fig. 196).On distingue assez facilement toutes leurs petites

anthères qui n'ont qu'*une loge* et ne s'ouvrent que par une
seule fente courbe. Quant à leurs filets, ils sont libres dans
leur portion supérieure ; mais plus bas ils s'unissent
tous en une longue colonne creuse qui va rejoindre inférieurement la base des pétales. Dans ce cas d'union en
un seul corps des filets de toutes les étamines, on dit que
celles-ci sont *monadelphes*.

La colonne creuse que forment ces filets est parcourue
dans toute sa longueur par le style. En haut, celui-ci se
divise en branches, comme dans le *Geranium ;* mais il y

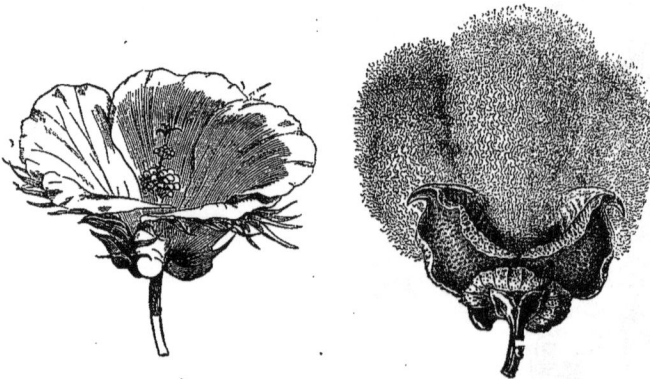

FIG. 200 ET 201. — *Cotonnier*. Fleur et fruit s'ouvrant.

en a plus de cinq. Leur nombre est égal à celui des loges
de l'ovaire, et celles-ci sont plus faciles à compter dans
le fruit, où elles sont plus grosses. Les enfants mangent
quelquefois ces petits *Fromageons*, comme ils appellent
les fruits de ces Mauves (fig. 195). Ce sont des corps cir-
culaires, divisés en autant de quartiers qu'ils renferment
de loges. Dans chaque loge du fruit, l'ovule est devenu une
graine ; et dans cette graine, comme dans celle du *Geranium*, il y a un embryon replié sur lui-même (fig. 198).

A la fin de l'été fleurissent dans nos jardins les *Roses-
trémières*, qui ont les fleurs des Mauves, avec de grandes

dimensions et des couleurs souvent éclatantes. Le calicule seul est différent de celui des Mauves. Il n'a que
trois pièces dans les Mauves ; il en a six ou plus dans nos
Roses-trémières, et elles sont unies entre elles par leur
base. Assez souvent ces Roses-trémières ont des fleurs
doubles, c'est-à-dire que leurs étamines sont devenues
de petits pétales. La Guimauve (fig. 199) est une Rose-
trémière à fleurs plus petites et d'un rose pâle. Sa racine

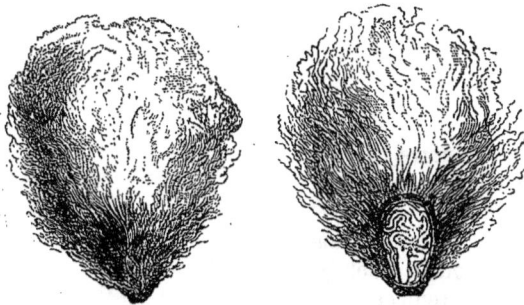

FIG. 202 ET 203. — *Cotonnier*. Graine entière et coupée en long.

blanche est adoucissante et très employée en médecine.
Elle croît dans les prairies humides, principalement de
l'Ouest et du Midi.

Le Coton est donné par une plante qui a la fleur (fig. 200)
des Mauves et des Roses-trémières. Ses graines sont nombreuses et elles se recouvrent de longs poils blancs qu'on
en sépare pour faire des tissus dits de coton (fig. 202,
203). Ces poils sortent en masse du fruit *capsulaire*,
quand il s'ouvre (fig. 201). Il y a des Cotonniers qui deviennent de petits arbres.

Dans toutes ces plantes, les feuilles sont alternes et
accompagnées de stipules. Dans nos Mauves, elles sont
arrondies et leurs bords sont découpés en lobes (fig. 193).

XIV

L'ORANGER

L'Oranger (fig. 204-208) n'est pas de notre pays; il vient d'Asie, mais on le cultive dans beaucoup de jardins; il y fleurit bien tous les ans pendant la belle saison, et même quelquefois pendant l'hiver dans les serres ou *orangeries* où on est obligé de le rentrer pour qu'il ne gèle pas, sauf dans la région méditerranéenne.

Ses fleurs ont un calice court, en forme de petite coupe. En dedans est la corolle, bien plus longue, blanche, un peu charnue, d'une odeur suave. Elle doit ce parfum à de petits amas ou réservoirs d'essence qui se dessinent comme autant de petits points jaunâtres ou verdâtres sur les pétales. Ceux-ci sont libres, tombent séparément et de bonne heure. On voit bien alors les étamines, qui leur sont intérieures (fig. 204).

Il n'y a point de relation entre le nombre des pétales

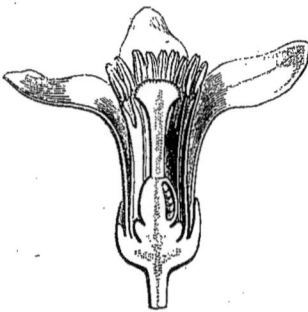

FIG. 204. — *Oranger*. Fleur coupée en long.

et celui des étamines, et ce dernier n'est pas le même
dans toutes les fleurs d'Oranger qu'on examine. Mais les
nombreuses baguettes blanches qui représentent les filets
des étamines, et qui sont chacune surmontées d'une anthère jaune, présentent une autre particularité : elles
sont unies deux à deux, trois à trois et forment de petits
paquets ou *faisceaux* inégaux. On les dit pour cette
raison *polyadelphes*, et l'on ajoute qu'ici la polyadelphie
est *inégale*, parce qu'il y a des plantes où, au contraire,

FIG. 205. — *Oranger*. Fruit coupé en travers.

les différents faisceaux que forment les étamines sont tous
égaux entre eux.

Quand on a détaché les étamines, il ne reste plus sur le
réceptacle de la fleur, en dedans du petit calice, que le pistil (fig. 204), entouré à sa base d'un gros disque jaunâtre en
forme de bourrelet circulaire. L'ovaire est une petite boule
verdâtre qu'il faut ouvrir et regarder avec la loupe pour
apercevoir les très petits ovules qu'il renferme. Il est
surmonté d'un gros style en forme de cône renversé,
terminé en haut par une surface stigmatique molle et
visqueuse.

C'est cet ovaire qui devient plus tard une *Orange* (fig. 205).
Ce fruit est une *baie* dont l'enveloppe est jaune et toute par-

semée de petites taches qui ressemblent à ces ponctuations
dont sont chargés les pétales. Ce sont autant de petits
réservoirs d'essence ; et quand les enfants s'amusent à
presser l'enveloppe jaune de l'Orange devant la flamme
d'une bougie, ils brisent la paroi de ces petits réservoirs
dont l'essence s'échappe et est lancée dans la flamme, où
elle brûle sous forme de petites fusées. C'est cette même
essence qui, recueillie par distillation, se vend sous
le nom d'Essence de Portugal et qui donne à la peau
jaune de l'Orange son odeur.

Sous cette peau jaune, il y a une couche blanche et
spongieuse qu'on enlève avant de manger les oranges ; elle
n'a ni goût ni odeur. On la voit s'avancer sous forme de
lames très minces entre les divers quartiers du fruit.
Chacun de ceux-ci renferme une ou plusieurs graines ou
pépins. Mais, en outre, on sait qu'il y a dans chaque
quartier une grande quantité d'un jus un peu acide et
sucré. Ce jus est renfermé dans un grand nombre de
petits sacs étroits et allongés, occupant l'intérieur du
quartier. Quand l'Orange est trop mûre et qu'elle a perdu
la plus grande partie de son jus, on voit bien ces sacs
vides et en partie desséchés qui se séparent facilement
les uns des autres. Le jus des Citrons est renfermé dans
des sacs analogues ; mais il n'en est pas de même du suc
de la plupart des autres fruits charnus ou pulpeux,
comme les Pommes, les Poires, les Cerises, les Fraises,
les Groseilles, etc. Les sacs qui le contiennent ne sont
pas allongés comme ici et ils tiennent tous les uns aux
autres de façon à former une *pulpe* continue.

La ressemblance entre le Citron et l'Orange n'a rien
d'étonnant ; tous deux sont des fruits de Citronniers.
L'un est le Citronnier-Limonier, et l'autre le Citronnier-
Oranger. On sait que le premier a le fruit plus long,
plus pointu aux deux bouts et d'un jaune plus clair que
celui de l'Oranger, et que son jus est acide, mais non
sucré. Ce jus sert à faire des boissons rafraîchissantes,
des limonades, des orangeades ; on en extrait un acide
en forme de cristaux, qui est l'acide citrique.

Les pépins (fig. 206-208) sont les mêmes dans toutes ces plantes : ils ont une enveloppe blanchâtre, parcheminée et, dans son intérieur, un embryon blanc, plus souvent encore plusieurs embryons. Ceux-ci rappellent beaucoup, par leur forme, ceux de l'Amandier ; on y distingue, même à l'œil nu, une radicule, une tigelle et deux cotylédons, toutes parties qui nous sont déjà connues.

Les branches et les feuilles sont aussi les mêmes. Le bois est pâle, dur, odorant, il sert à faire de jolis meubles. Les feuilles sont alternes, et elles se composent de

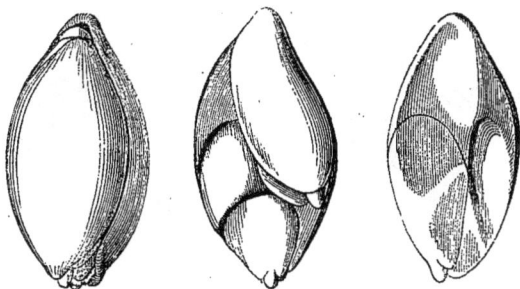

Fig. 206, 207 et 208. — *Oranger*. Pépins. Embryons.

deux parties bien distinctes : en haut, un limbe large, ovale, terminé en pointe ; en bas, un pétiole court qui se dilate en aile à droite et à gauche, et qui est moins large à sa base qu'à son sommet, là où il s'unit au limbe par une sorte de jointure ou d'articulation. Toutes ces parties sont, comme on le voit bien par transparence, parsemées de petits points ou réservoirs d'essence, et celle-ci leur donne une odeur toute particulière qui se communique aux infusions digestives qu'on prépare avec les feuilles de l'Oranger et du Limonier.

Il y a beaucoup d'autres variétés de Citronnier, notamment dans les pays chauds. Les plus célèbres sont le Bigaradier, dont les pétales sont employés, dans le Midi, à faire, par distillation, de l'*Eau de fleurs d'Orange;*

l'écorce du fruit, à fabriquer le *Curaçao*, et les jeunes
fruits, à faire des *Chinois* confits ; le Bergamottier, qui sert
en Italie à préparer des essences ; le Pamplemousier, qui

FIG. 209. — *Rue des jardins.*

fructifie abondamment aux îles Bourbon et Maurice, et
dont il est tant parlé dans *Paul et Virginie.*

La *Rue* (fig. 209), qui se cultive dans certains jardins
et qui a une odeur très forte, est du même groupe que
l'Oranger ; ses fruits sont secs et ses tiges herbacées.

XV

LA VIGNE

Les fleurs de la Vigne (fig. 210-214) ne sont ni grandes, ni d'une couleur éclatante. Avec leur teinte vert-jaunâtre et leur petite taille, on ne les verrait pas facilement, si leur excellente odeur, plus suave encore à l'approche de la nuit, ne les révélait, au mois de juin, dans nos jardins et nos vignobles.

En cueillant alors une *grappe* en fleur, si l'on s'aide de la loupe pour mieux voir les détails, on aperçoit un court calice, analogue à celui de l'Oranger, puis une corolle bien plus longue, formée de cinq pétales verdâtres collés les uns aux autres par les bords. Le plus souvent ces cinq pétales ne se séparent pas les uns des autres au moment où la fleur s'épanouit ; mais ils se détachent tous à la fois par leur base, et leur ensemble est soulevé sous forme d'une petite coiffe (fig. 211). En regardant certaines fleurs s'ouvrir, on voit facilement que ce sont les étamines qui soulèvent cette petite coiffe. Dans le bouton, leurs filets sont repliés sur eux-mêmes, et c'est en se déployant qu'ils enlèvent ainsi la corolle. Les anthères ont deux loges et elles s'ouvrent par deux fentes suivant leur longueur, pour lancer la fine poussière du pollen qu'elles renferment, à moins que la pluie, tombant à ce moment, n'entraîne le pollen avec elle ; auquel cas on dit que la Vigne *coule* (fig. 212, 213).

Quand on a enlevé les pétales et les étamines, on ne

voit plus que le pistil de la Vigne et, à sa base, le disque. Celui-ci, au lieu d'être un bourrelet circulaire, est
interrompu par la présence des étamines, et partagé en

Fig. 210. — *Vigne.* Branche fleurie.

cinq *glandes* qui répondent aux intervalles des pétales.
On dit, par suite, que ces glandes *alternent* avec les pétales (fig. 212); mais, par contre, les étamines se trou-

vent être placées chacune en dedans d'un pétale; ce qui
est rare dans les plantes de notre pays.

En coupant l'ovaire en travers, on peut voir, à l'aide
de la loupe, qu'il renferme quatre petits ovules; son
sommet atténué se termine par une surface stigmatique,
aplatie et visqueuse, un peu déprimée au centre, comme
celle de l'Oranger, mais supportée par un style très court
et épais, au lieu de l'être par une longue baguette en
forme de cône renversé.

Quand l'ovaire de la Vigne *noue* bien, il devient un
fruit (fig. 215, 216), d'abord petit, vert et dur ; puis, quand

Fig. 211 ET 212. — *Vigne*. Bouton, la corolle s'enlevant par la base,
et le même, après la chute de la corolle.

il est mûr, bien plus gros, jaunâtre, rougeâtre ou noirâtre,
mou à l'intérieur et plein de jus. C'est le *Raisin*. Entre
la peau mince qui le recouvre et les graines en petit
nombre qu'il renferme, il n'y a qu'une pulpe molle, sucrée; un pareil fruit, sans noyau dur au centre, comme
il y en a un, au contraire, dans la cerise, la prune, s'appelle une *baie*. C'est le jus, d'abord sucré et aromatique,
de cette baie écrasée qui devient du *vin*, quand il a fer-
menté et qu'il s'est produit dans son intérieur une certaine quantité d'alcool.

La Vigne est un arbuste à longues branches flexibles
qu'on nomme des *sarments*. Les feuilles sont alternes,
formées d'un pétiole, d'un limbe à nervures dont les in-

férieures s'écartent les unes des autres à partir du sommet du pétiole, à peu près comme les doigts de la main;
d'où le nom de *palmée* ou *digitée* qu'on applique à ce
mode de nervation. A la base du pétiole il y a de chaque
côté une stipule qu'on dit *latérale* (fig. 210, 215).

En face de la plupart des feuilles, la Vigne porte une
vrille. C'est un corps bifurqué en Y, dont les deux branches inégales s'enroulent bientôt aux objets voisins, notamment aux échalas, pour accrocher et soutenir la
plante. Quand celle-ci doit fleurir, la vrille se ramifie
davantage, et chacune de ses divisions porte une fleur,
puis un raisin. Les vrilles sont donc des inflorescences

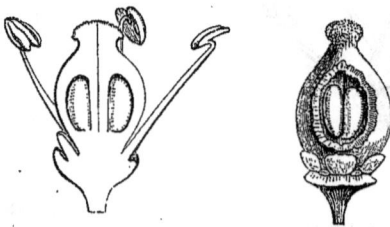

Fig. 213 et 214. — *Vigne.* Fleur coupée en long. Pistil, l'ovaire
ouvert sur le dos pour montrer deux ovules.

de Vigne, moins divisées que celles qui portent des
fruits, et qui se sont ainsi modifiées pour un usage particulier : celui de supporter des sarments qui, sans cela,
traîneraient à terre (fig. 210, 215).

Il y avait beaucoup de Vignes cultivées en France, à
la date d'une vingtaine d'années. Elles occupaient deux
millions et demi d'hectares, c'est-à-dire la vingtième partie de son territoire. On cultivait la Vigne dans soixante-
dix-neuf de nos départements, et elle entretenait six
millions de cultivateurs. Son produit brut, chaque année, était de plus d'un milliard et demi de francs. Mal-
heureusement, une grande partie de ces plantes ont été
depuis lors détruites par l'invasion du *Phylloxera*, in-

secte introduit de l'Amérique du Nord, avec les Vignes

FIG. 215. — *Vigne.* Branches feuillées et fructifères.

de ce pays, qui sont atteintes par le *Phylloxera* avec une facilité déplorable. Cet insecte, s'attaquant à la plante, notamment à ses tiges et à ses racines, ne tarde pas à la faire périr, et a déjà détruit une grande portion des vignobles du Midi.

Les terrains sablonneux et submergés l'hiver sont seuls défavorables au développement de cet animal. Un autre ennemi de la Vigne, mais bien moins terrible, est un tout petit papillon de nuit, la Pyrale.

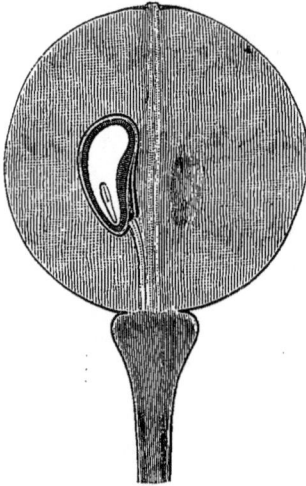

On plante beaucoup dans nos jardins, surtout sur les berceaux, le long des habitations, etc., la *Vigne vierge*, qui vient de l'Amérique du Nord, et qu'on appelle encore Vigne à cinq feuilles, parce que ses feuilles sont formées de cinq lames ou folioles digitées, c'est-à-dire divergeant comme les doigts de la main. Son fruit n'est pas bon à manger, et ses branches s'accrochent aux murailles par des crampons très divisés qui s'y fixent comme des ventouses et y adhèrent très fortement.

FIG. 216. — *Raisin*, coupé en long (grossi).

XVI

LE POIS

Il y a tout l'été des Pois en fleurs dans les jardins. Au printemps, c'est le *Petit Pois* (fig. 217-219), à fleurs blanches, qu'on cultive aussi en grand pour ses graines alimentaires. Plus tard, c'est le *Pois vivace* ou *Pois perpétuel*, à fleurs roses qui s'épanouissent jusqu'aux gelées, ou bien le *Pois de senteur*, espèce annuelle dont les corolles, mélangées de blanc et de rose ou de pourpre et de bleu violacé, exhalent une odeur des plus agréables.

Ce qui frappe le plus au premier abord dans ces fleurs c'est l'extrême irrégularité de leur corolle (fig. 218 B'); sa forme rappelle assez bien celle d'un papillon, les ailes à moitié relevées, et c'est ce qui fait que nos pères ont donné à ces fleurs le nom de *Papilionacées*.

Le calice est déjà irrégulier, mais bien moins que la corolle, et il faut y regarder de plus près pour voir que ses dents sont inégales. Les pétales, au contraire, ont des formes et souvent une teinte fort différentes. En haut de la fleur, il y en a un, seul de son espèce, qui se relève comme un *étendard* et qui de là a tiré son nom. Sur les côtés, il y en a deux autres qui représentent une aile à droite et à gauche ; aussi les nomme-t-on les *ailes*. En bas enfin, il y en a deux autres qui n'ont pas la même forme que les ailes, mais qui sont pareils l'un à l'autre. Ils se réunissent inférieurement en une sorte de quille

de navire, et c'est pour cela qu'on nomme leur ensemble
la *carène* (fig. 218, *B' c*).

Si l'on arrache ces pétales, on voit librement les éta-

FIG. 217. — *Pois.* Branche fleurie.

mines (fig. 218 C), et il est facile d'en compter dix, pourvues
chacune d'une anthère *introrse*. Mais quand on cherche les
filets de ces dix anthères, on n'en voit qu'un seul libre et

grêle au-dessus de la fleur, c'est-à-dire du côté de l'étendard. Les neuf autres, situés en bas, sont réunis en une gouttière profonde dans laquelle est logé le pistil. En d'autres termes, il y a deux faisceaux d'étamines, au lieu des faisceaux plus nombreux qu'on observait dans l'Oran-

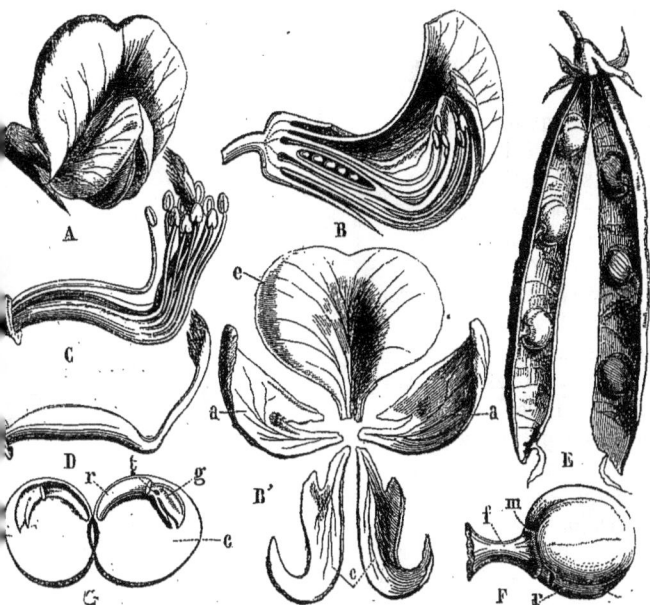

Fig. 218. — *Pois*. A. Fleur. — B. La même, coupée en long. — B'. Pétales séparés (*e*, étendard ; *a a*, ailes ; *c*, les deux pétales qui forment la carène).— C. Étamines.— D. Pistil.— E. Fruit s'ouvrant. —F. Graine.— G. Embryon dont les deux cotylédons (*c c*) sont écartés pour laisser voir la radicule (*r*), la tigelle (*t*) et la gemmule (*g*).

ger ; et les étamines, au lieu d'être polyadelphes, sont simplement *diadelphes;* mais les deux faisceaux sont aussi inégaux que possible, puisque l'un d'eux est réduit à une seule étamine, et l'on dit que la *diadelphie* est *inégale*.

Quand on a arraché les étamines, on aperçoit le pistil,

formé d'un ovaire allongé, puis surmonté d'un style dont l'extrémité arquée est recouverte de ce tissu qui retient le pollen et qu'on appelle *stigmatique* (D).

En fendant l'ovaire suivant sa longueur, on aperçoit, surtout avec la loupe, une série de petits ovules qui occupent sa cavité. Inférieurement, il est plein et rétréci en une sorte de pied. Ce pied sort du centre d'une petite coupe sur les bords de laquelle s'attachaient précisément le calice, les pétales et les étamines qu'on a enlevés, et cette coupe rappelle celle des Rosacées, quoiqu'elle soit moins profonde que la plupart de celles qu'on rencontre dans ces dernières.

Quand l'ovaire du Pois a noué, il devient un fruit, vert d'abord, puis sec et jaunâtre quand il a complètement mûri, et sur lequel on trouve encore, en bas le calice, en haut un reste du style (fig. 219). Finalement, ce fruit s'ouvre suivant sa longueur par deux fentes, dont l'une est dite *dorsale* et l'autre *ventrale*. Il en résulte deux panneaux, un à droite et un à gauche : le fruit est *bivalve* (fig. 218 E). Quand un fruit présente ces caractères, on le nomme *Gousse*, et comme gousse se dit en latin *legumen*, on a donné le nom de *Légumineuses* aux plantes qui ont une gousse, et celui de *Légumineuses-Papilionacées* à celles dont la corolle présente en même temps les caractères dont nous avons parlé.

Fig. 219.
Pois. Fruit.

Les Pois sont des herbes à feuilles alternes, composées-pennées, comme celles des Rosiers, et accompagnées aussi de stipules latérales. Mais, comme ce sont des plantes grimpantes et qu'il leur faut se soutenir, s'accrocher aux corps voisins, ce sont les folioles supérieures des feuilles

Fig. 220. — *Fève.*

qui se transforment en *vrilles* pour remplir ce rôle, tandis
que dans la Vigne c'étaient les branches de l'inflorescence.

Les Fèves (fig. 220) sont des Légumineuses, comme les

FIG. 221. — *Trèfle cultivé.*

Pois ; elles en ont la corolle papilionacée et une gousse
pour fruit. De même les Haricots (fig. 223-225), qui
ont une carène et des étamines tordues en spirale. On
mange leurs graines, comme celles des Pois et des Fèves,
et souvent leur fruit lui-même, dans les variétés dites

Mange-tout, qui n'ont pas la gousse rigide. Les Vesces, les Gesses, les Pois-chiches (fig. 226), les Lentilles, ont aussi des graines comestibles, pour l'homme ou pour les

Fig. 222.— *Luzerne cultivée.* A. Branche fleurie.—B. Fleur (grossie). — C. La même, sans la corolle. — D. Pistil. — E, F, G. Fruit à divers âges. — H. Graine. — La même, coupée en long.

animaux ; et c'est encore au même groupe qu'appartiennent les plantes fourragères, cultivées en grand dans nos prairies artificielles, et dont les feuilles servent à nourrir le bétail, comme les Trèfles (fig. 221), dont les petites fleurs

à corolle papilionacée sont réunies en boule ; les Luzer-
nes (fig. 222), dont la gousse est plus ou moins enroulée en
spirale ; le Sainfoin et l'Esparcette (fig. 227), dont la
gousse est courte et ne renferme souvent qu'une graine.

Fig. 223. — *Haricot*. Fleur (grossie).

Cette graine a dans la plupart de nos Légumineuses
indigènes des caractères faciles à saisir, surtout si l'on

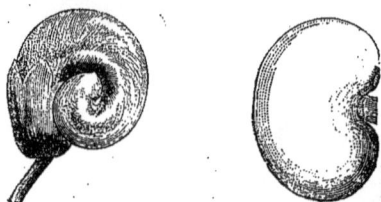

Fig. 224 et 225. — *Haricot*. Carène. Ovule (grossi).

choisit une semence de grande taille, comme celle du
Haricot (fig. 228).

Une peau assez résistante la recouvre et s'enlève bien
quand la graine a trempé quelque temps dans l'eau
chaude. C'est le *tégument* de la graine. Sa forme est celle
d'un rein, et l'on voit dans la concavité de son bord une
tache allongée qui est comme une sorte de cicatrice. C'est
par là que la graine était attachée au fruit, et cette tache
s'appelle *Hile* ou *Ombilic*.

La peau enlevée, on a sous les yeux un corps contenu qui est l'embryon (fig. 229). Ses diverses parties sont assez faciles à distinguer sur un haricot gonflé dans l'eau. Mais il est bien plus aisé encore de les voir en faisant germer le

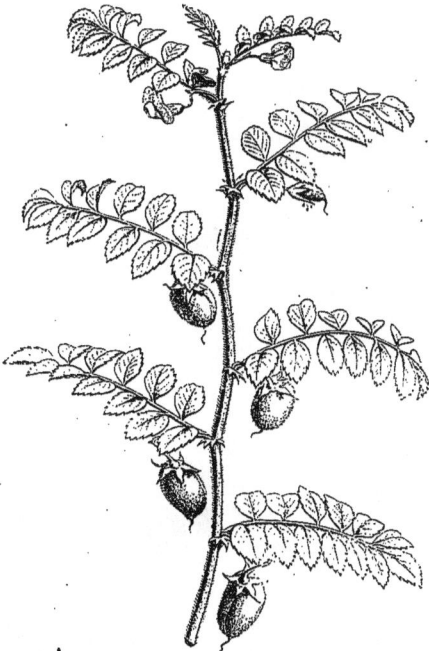

FIG. 226. — *Pois chiche.*

haricot en terre, ou dans de la mousse humide, ou dans du sable ou du coton mouillés. On voit alors s'enfoncer en terre une portion de l'embryon, d'abord arquée, qui a la forme d'un cône allongé. C'est sa *radicule,* et sur elle on voit bientôt se produire quatre séries de racines bien plus grêles et qu'on nomme secondaires. La tige qui est au-

dessus de la racine, s'allonge et se redresse, elle est
terminée par un petit bouquet de feuilles dont les deux
extérieures enveloppent d'abord les suivantes. L'ensemble
de ce sommet de la tige et des petites feuilles qu'il porte

Fig. 227. — *Sainfoin-Esparcette.*

est la *gemmule*, c'est-à-dire un *bourgeon terminal*. Plus
bas, enfin, on voit de chaque côté un gros corps semi-
lunaire, blanc d'abord, puis qui verdit à la lumière, en
perdant de son épaisseur et en se ridant de plus en plus.

Ce sont les portions de l'embryon (fig. 230) qui sont les

Fig. 228 et 229. — *Haricot*. Graine commençant à germer.

plus riche en aliments, notamment en fécule, et qui nous

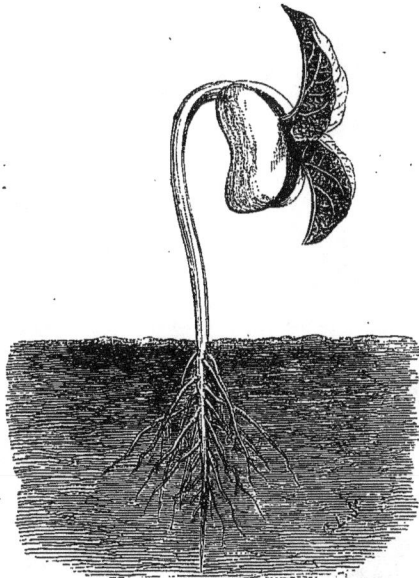

Fig. 230. — *Haricot*. Graine germée, avec les cotylédons
et deux feuilles développées.

nourrissent surtout quand nous mangeons des graines de
Pois, de Haricot, de Fève, etc. Ce sont elles aussi qui

alimentent la jeune plante pendant qu'elle germe. Ce sont
ses *cotylédons* (fig. 229-231), et comme ils sont au

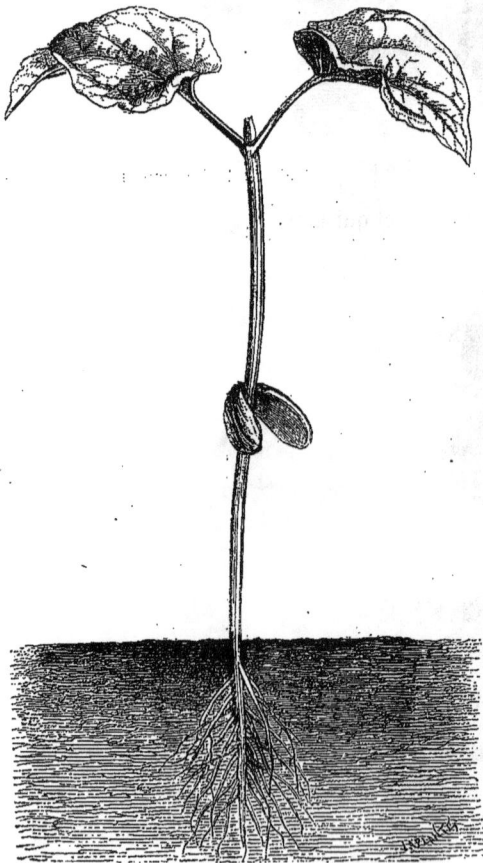

FIG. 231. — *Haricot* germé, les cotylédons commençant à se flétrir.

nombre de deux, les Légumineuses sont un excellent
exemple de plantes *dicotylédones*.

XVII

LE LISERON

Les haies sont souvent, en été, pleines de grands
Liserons à fleurs blanches (fig. 232-238). Dans les champs,

Fig. 232. — *Liseron des haies.* Fleur coupée en long.

il y en a un aussi, plus petit, à fleurs rosées, qui souvent
s'allonge sur le sol, tandis que le *Liseron des haies* s'enroule autour des arbustes ; c'est une herbe *volubile.*

Dans l'un et l'autre, la fleur a un calice de cinq sépales
et une corolle d'une seule pièce, en forme d'entonnoir.

FIG. 233. — *Liseron des haies.*

Les étamines sont au nombre de cinq et portées sur la
corolle, de sorte qu'elles tombent avec celle-ci quand elle

se détache. Presque toujours, en pareil cas, les étamines
sont attachées sur la corolle gamopétale (fig. 232).

Quand le tout est tombé, il ne reste en dedans du
calice que le pistil (fig. 234). Celui-ci a un ovaire contenant quatre ovules, et surmonté d'un long style dont le

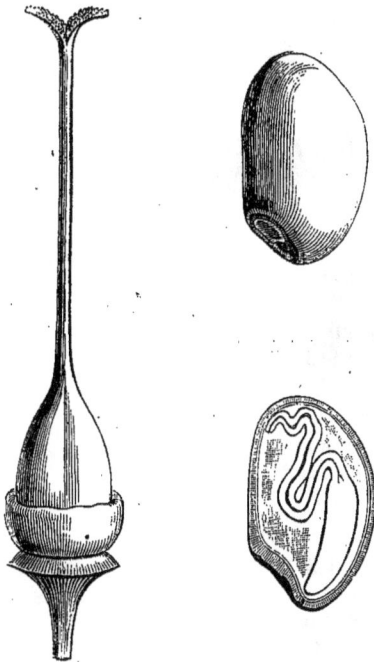

FIG. 234, 235 ET 236. — *Liseron des haies.* — Pistil (grossi).
Graine (grossie), entière et coupée en long.

sommet se renfle en une tête stigmatique à deux lobes.
Plus tard, l'ovaire grossissant à l'intérieur du calice
devient un fruit rond, et quand celui-ci est mûr, il est
sec et s'ouvre pour laisser échapper les graines. Il y en
a quatre au plus, en forme d'un petit quartier de pomme,
et sous leur tégument noirâtre il y a un embryon tout replié sur lui-même comme celui des Mauves (fig. 235-238).

Les feuilles des Liserons sont alternes, en cœur et
pourvues d'un pétiole. Ces plantes renferment un suc laiteux, âcre et qu'il serait dangereux de porter à la bouche.

FIG. 237 ET 238.—*Liseron des haies.* Fruit s'ouvrant. Embryon (grossi).

Ce sont des Liserons des pays chauds qui produisent
deux médicaments avec lesquels on purge : le Jalap et la
Scammonée. Leurs raci-
nes épaisses renferment
une grande quantité de
suc âcre, et c'est lui qui,
desséché, constitue des
masses résineuses dont les
propriétés purgatives sont
énergiques.

Mais il y a des Lise-
rons qui, tout en déve-
loppant de ces racines
épaisses, n'y produisent
pas de suc irritant. Alors
ces racines sont douces et
bonnes à manger; c'est
ce qui arrive dans la
Patate qu'on cultive dans

FIG. 239. — *Liseron des jardins.*

nos colonies et qu'on utilise à la façon des pommes de
terre.

XVIII

LE LAURIER-ROSE

Ce bel arbuste, qui croît dans les régions méridionales de l'Europe, doit son nom à ce que ses feuilles rappellent un peu celles du Laurier et, en même temps, à la couleur la plus ordinaire de ses fleurs. Elles sont cependant quelquefois blanches ou d'un jaune pâle ; ce sont probablement des *variétés*. La plante ne supporte pas nos hivers ; mais on la rentre en orangerie, et l'été elle fleurit en abondance dans la plupart de nos jardins.

Le calice est rougeâtre, formé de cinq petits sépales ; mais la corolle est d'une seule pièce (fig. 240, 245). Elle a inférieurement la forme d'un tube, et supérieurement elle présente un limbe à cinq divisions étalées. On l'a comparée à la coupe ou cratère dans laquelle buvaient les anciens, et de là est venu son nom d'*hypocratérimorphe*. A la base de son limbe, il y a un cercle de petites languettes surajoutées à la corolle, qui forment comme une petite *collerette*. Elle est comparable à celle de la Saponaire ; mais ici les pétales ne sont pas libres. Cette collerette peut donc exister aussi bien sur des corolles *gamopétales* que sur des corolles *polypétales*.

Ici, comme dans le Liseron et comme dans presque toutes les plantes à corolle gamopétale, les étamines sont portées sur cette corolle et se détachent avec elle. On re-

marquera encore la grande queue plumeuse qui surmonte leur anthère en fer de flèche (fig. 241, 242).

FIG. 240. — *Laurier-Rose*. Branche fleurie.

La corolle enlevée, on voit le pistil, dont l'organisation est
assez singulière (fig. 243). Il est formé de deux ovaires qu'il

faut écarter l'un de l'autre avec une aiguille pour
voir qu'il ne s'agit pas là d'un ovaire
unique à deux loges. Chaque ovaire renferme beaucoup de petits ovules, et de
son sommet naît un style très grêle, qui

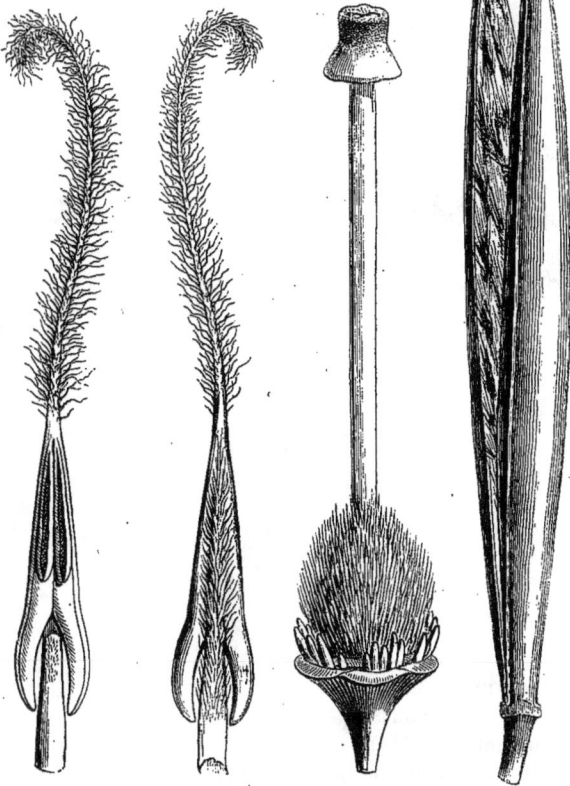

FIG. 241, 242, 243 ET 244. — *Laurier-Rose*. Étamine (grossie)
vue de face et de dos. Pistil (grossi). Fruit s'ouvrant.

s'unit avec l'autre en une seule baguette. Le tout est

couronné par un renflement en tronc de cône qui est la
portion *stigmatique* du pistil.

Dans le fruit mûr, chaque ovaire est devenu un fruit
sec, allongé, de la forme d'une gousse. Mais, au lieu de
s'ouvrir dans sa longueur, et sur le dos, et sur le ventre,
comme il arrive dans les gousses des Légumineuses, ce
fruit ne se fend complètement qu'en dedans ; puis les deux
lèvres de la fente s'écartent ; le fruit s'étale, et il n'est alors

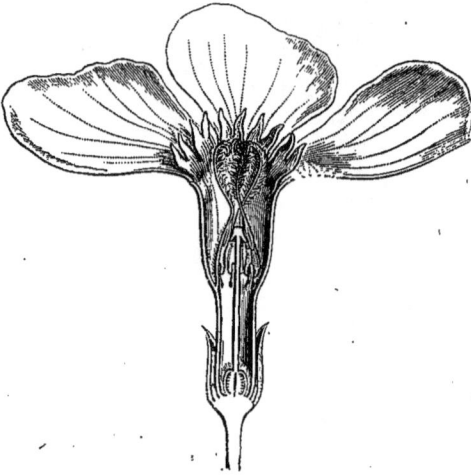

Fig. 241. — *Laurier-Rose*. Fleur, coupée en long.

formé que d'une seule pièce : c'est ce qu'on nomme un
follicule, toujours facile à distingüer d'une gousse par
les caractères que nous venons de donner (fig. 244).

Les graines sont nombreuses et elles portent une
aigrette de poils, grâce à laquelle elles sont enlevées par
les courants d'air et semées ainsi au loin (fig. 246).

Le feuilles du Laurier-Rose sont longues, atténuées
aux deux extrémités ; elles ont à peu près la forme d'un
fer de lance, et on les dit *lancéolées*. En un point des

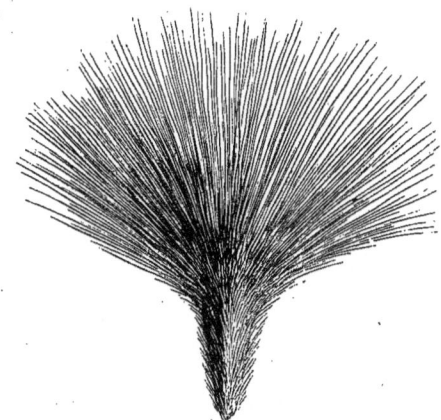

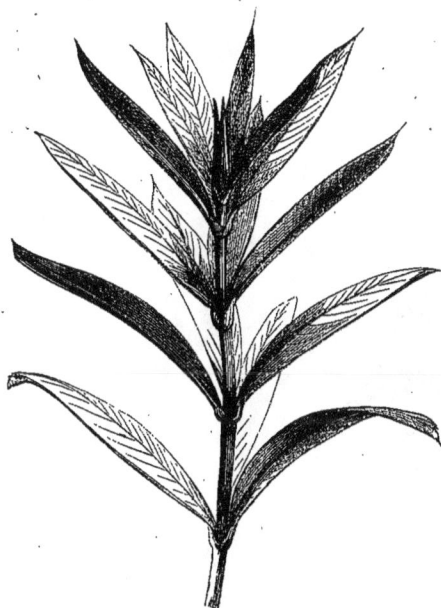

Fig. 246 et 247. — *Laurier-Rose*. Graine (grossie). Feuilles verticillées.

rameaux, il y en a le plus souvent deux, et elles sont
opposées; mais assez souvent aussi il y en a trois, plus

FIG. 248. — *Pervenche.*

rarement quatre, à égale distance les unes des autres,
formant comme une couronne autour de la branche, et
dans ce cas on les dit *verticillées* (fig. 240, 247).

En haut des branches, on voit se grouper les fleurs en une sorte de tête lâche (fig. 240) ; mais, en regardant de près les divisions de cette inflorescence, on voit que chacune d'elles forme une petite *cyme*.

Toutes les parties de cet arbuste sont très âcres ; elles renferment un suc vénéneux ; aussi faut-il éviter de les porter à la bouche.

Les *Pervenches* (fig. 248) ont à peu près les fleurs du Laurier-Rose. Il y en a une qui fleurit dès le printemps dans les jardins et les bois ; c'est la *Petite Pervenche*. La *Grande Pervenche* a ses diverses parties plus développées et fleurit l'été dans nos jardins. Le sommet de leur style est poilu, et, dans l'intervalle de leurs deux ovaires, il y a de chaque côté une glande aplatie appartenant au disque. Leurs graines sont petites et n'ont pas d'aigrette.

Les Pervenches ont le plus ordinairement des tiges grêles qui rampent sous le sol, et des rameaux grêles, souvent longs et flexibles, des feuilles opposées et lisses. Leurs fleurs sont bleues ou blanches, plus rarement d'un rose violacé dans les espèces de nos pays, et souvent roses dans la *Pervenche de Madagascar* qu'on vend sur nos marchés et qui ne peut se cultiver chez nous en pleine terre que pendant la belle saison.

XI

LA POMME DE TERRE

Les fleurs de la Pomme de terre (fig. 249-251) ont un calice vert et une corolle beaucoup plus grande, blanche ou d'un lilas clair, qui cache le calice quand elle est bien ouverte. A ce moment, elle est étalée et a la forme à peu près d'une roue (fig. 251 A), sinon qu'elle porte cinq angles assez saillants. C'est une corolle *rotacée*, dit-on ; et, si l'on tire sur elle, on voit non seulement qu'elle vient d'une seule pièce, avec les étamines qu'elle porte, comme celle du Laurier-Rose ou de la Pervenche, mais encore qu'elle a un tube court, qui était caché par le calice, et qu'elle est cependant nettement *gamopétale*.

C'est en haut du tube de la corolle que sont attachées les étamines, au nombre de cinq. Elles ont un filet court et une anthère jaune, allongée, qui s'unit aux quatre autres anthères pour former une sorte de cône traversé par le style (fig. 251 A, B). Quand les étamines sont ainsi rapprochées par leurs anthères, on les dit *syngénèses* ; c'est, on le voit, le contraire de celles du Pois, qui étaient unies par les filets, les anthères demeurant libres.

Chaque anthère a deux loges, est *biloculaire*, et c'est tout en haut que chaque loge, pour laisser sortir le pollen, s'ouvre par une sorte de trou ou *pore* (C).

La corolle une fois arrachée avec les étamines, il ne reste sur le réceptacle de la fleur que le calice et le pistil. Celui-ci a d'abord un ovaire en forme de poire, dont

le style figure la queue. En haut, il est terminé par un
petit bouton ou tête, toute garnie de tissu stigmatique,
gluant à un certain moment. En coupant l'ovaire en travers, on voit qu'il a deux cavités, deux *loges*, pleines de
petits ovules qui sont attachés sur un gros support com-

Fig. 249. — *Pomme de terre*. Portion souterraine.

mun ; on nomme celui-ci *placenta* (B). Ces détails se voient
plus facilement encore sur le fruit à différents âges.

Ce dernier est une sorte de boule, longtemps verte et
charnue dans toute son épaisseur, c'est-à-dire une *baie*.
Cette baie n'est pas comestible, mais elle renferme un
grand nombre de graines qui servent à reproduire des

jeunes pieds de Pomme de terre, quand on les sème. Ces
graines renferment un albumen dans l'intérieur duquel
on voit, en s'aidant de la loupe, un embryon recourbé
sur lui-même, en forme de point d'interrogation. On dis-

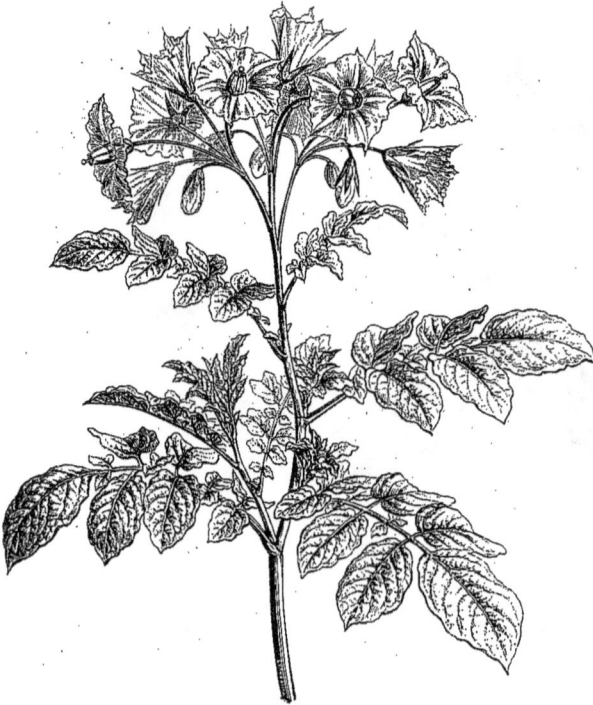

FIG. 250. — *Pomme de terre.* Rameau fleuri.

tingue sa radicule, sa tigelle et ses cotylédons, répondant
à la portion enroulée en crosse (fig. 251, D à G).

La Pomme de terre est une herbe américaine, intro-
duite en Europe peu de temps après la découverte de
l'Amérique. On la cultive en grand dans nos champs, et
l'on sait qu'elle constitue un aliment précieux qui a

sauvé plusieurs pays, notamment l'Irlande, de la famine.
Ses portions aériennes, vertes, sont des branches, garnies
de feuilles alternes et se terminant par des bouquets de
fleurs qui sont des *cymes* (fig. 250). Les feuilles ont des
nervures *pennées*, et elles sont profondément découpées de

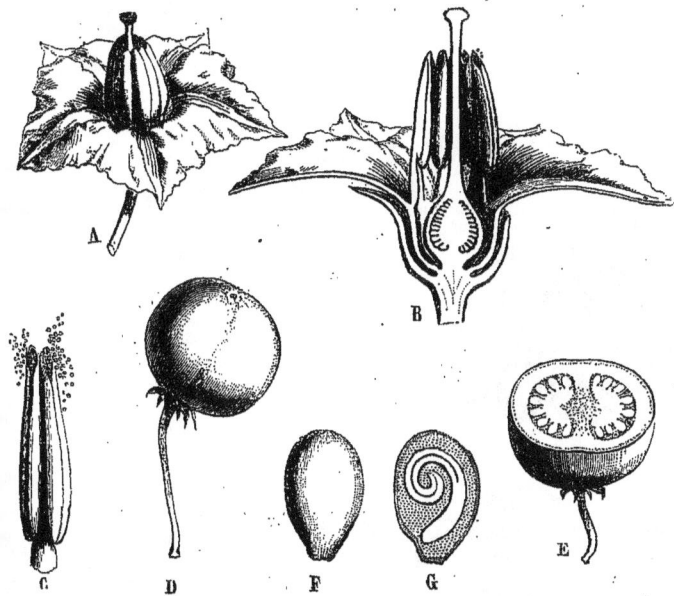

Fig. 251. — *Pomme de terre.* — A. Fleur, — B. La même, coupée
en long. — C. Étamine s'ouvrant. — D. Fruit. — E. Le même,
coupé en travers. — F. Graine. — G. La même, coupée en long.

chaque côté en lobes fort inégaux. Outre ces branches
aériennes, la tige en porte d'autres dans sa portion inférieure, située sous terre. Ces branches souterraines, qu'il
ne faut pas prendre pour des racines, sont des cordons
qui de distance en distance portent des écailles représentant des feuilles; et si ces feuilles grisâtres diffèrent
tant, par leur taille, leur forme et leur couleur, des

feuilles aériennes, cela tient au milieu qu'elles occupent. Bien plus, les branches qui portent ces écailles
finissent par se renfler plus ou moins, à certains endroits,
en corps allongés ou plus ou moins arrondis qu'on nomme
des *tubercules* (fig. 249). Ce sont là les *pommes de terre*
qu'on arrache en automne et qu'on mange. Leur chair
est pleine d'aliments, notamment de *fécule*, qu'on peut
aussi en extraire pour les usages domestiques et indus-

FIG. 252. — *Douce-Amère*. Branche chargée de fruits.

triels. Il ne faut donc pas croire qu'on mange les racines
dans la Pomme de terre, et nous avons déjà vu qu'on ne
mange pas non plus ses fruits.

Quand on plante des Pommes de terre autrement que
de graines, on place les tubercules en terre, et bientôt
on voit sortir des *yeux* du tubercule une *pousse* qui porte
des écailles ou des feuilles vertes et découpées, suivant
qu'elle s'allonge dans la terre ou dans l'air. Cette pousse
est une branche, qui existait au fond de l'œil de la Pomme
de terre non germée, à l'état de petit bourgeon. Or l'on
sait déjà que sur la tige ou la branche (et les tubercules
de Pomme de terre sont l'une ou l'autre), les bourgeons

se trouvent *dans l'aisselle d'une feuille*. Précisément au-

FIG. 253. — *Tabac.*

dessous de l'œil, il y a ou une feuille, en forme d'écaille,
ou, si elle s'est desséchée et détachée, une cicatrice en
forme de croissant, qui indique toujours le point où cette
feuille particulière s'attachait (fig. 249).

Fig. 254. — *Belladone.*

Il y a dans notre pays plusieurs plantes parentes de la
Pomme de terre et qui ont les mêmes fleurs, mais qui ne
lui ressemblent pas beaucoup au premier abord : ce sont
surtout la *Morelle noire*, qui est employée en médecine,
qui est très commune dans les jardins ou les champs et

qui n'a pas de tubercules ; et la *Douce-amère*, (fig. 252), qui
est également un médicament, mais dont la tige grêle et
sarmenteuse s'accroche aux objets voisins. Ses fleurs sont

FIG. 255. — *Belladone.* Fruit, avec le calice.

ordinairement d'un violet foncé, et ses fruits sont rouges,
ovoïdes, tandis que ceux de la Morelle sont sphériques et
d'un vert noirâtre. Il faut s'abstenir de les manger.

Le Tabac (fig. 253) est aussi une plante américaine don

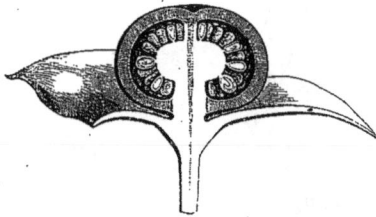

FIG. 256. — *Belladone.* Fruit coupé en long.

la culture dans notre pays est très répandue, et dont la
fleur est construite comme celle de la Pomme de terre,
mais avec une corolle de forme très différente. Son tube
est long, et son limbe est en forme d'entonnoir, avec cinq

divisions aiguës, tordues les unes sur les autres dans le bouton. Son fruit est aussi très différent; c'est une capsule à peu près conique, qui s'ouvre en long quand elle est mûre et laisse échapper ses nombreuses graines. Les feuilles sont alternes, non découpées, et c'est elles qu'on emploie en médecine et qui servent à fabriquer le tabac à fumer et à priser. Il s'en cultive chaque année dans les

Fig. 257. — *Stramoine.*

deux mondes près de 432 millions et demi de kilogrammes, et dans la France seule 30 millions. C'est l'ambassadeur Nicot qui, en 1559, apporta de Portugal en France le Tabac, qu'on nomme encore *Nicotiane*, et qui renferme un poison extrêmement violent, auquel on a donné le nom de *Nicotine*.

Il y a dans nos jardins et nos champs beaucoup de plantes analogues à la Pomme de terre et au Tabac. Celles qui ont, comme la première, des fruits charnus sont les Tomates, les Piments, la Mandragore, qui servait jadis aux enchantements, et la Belladone (fig. 254-256), poison violent et médicament énergique, dont les fruits noirâtres ressemblent à une *guigne*, mais n'ont pas de noyau, renferment un grand nombre de graines et reposent sur un calice vert étoilé.

Celles qui ont, comme le Tabac, un fruit sec, une cap-

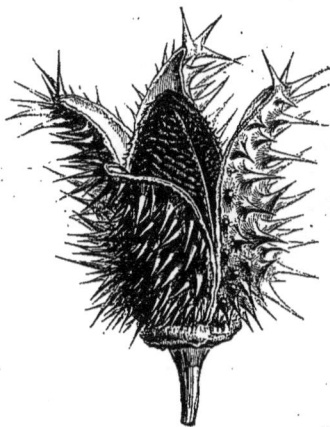

FIG. 258. — *Stramoine.* Fruit s'ouvrant.

sule, sont les *Petunia*, les *Stramoines* (fig. 257, 258), communes dans les décombres, et les *Jusquiames*, qu'on trouve souvent sur le bord des chemins et qui ont une inflorescence enroulée en crosse, et un fruit qui s'ouvre en travers, comme une boîte, par un petit couvercle. La plupart de ces herbes sont dangereuses et employées en médecine.

XX

LA GUEULE DE LOUP

Cette plante (fig. 259) fleurit communément presque tout l'été, dans les jardins et parfois aussi sur les vieilles murailles. On l'appelle encore *Gueule de lion*, *Muflier*, *Mufle de loup*; et cela, à cause de la forme de sa corolle (fig. 260-262) qui rappelle le masque d'un animal, et qu'on presse par amusement sur les côtés pour faire ouvrir une sorte de gueule qu'elle représente. Une pareille corolle est dite *personnée*, et son irrégularité est tellement manifeste, qu'il est inutile d'y insister.

Comme cette corolle est gamopétale, on ne s'étonnera pas qu'elle porte les étamines et les entraîne avec elle en se détachant (fig. 261 et 262). Ces étamines doivent être observées avec attention. Et d'abord, quoique le calice soit formé de cinq pièces, comme celui des Pommes de terre, il n'y a que quatre étamines. Elles ont chacune un filet et une anthère à deux loges bien distinctes; mais elles sont inégales: il y en a deux plus grandes, et, en dedans d'elles, deux plus petites. On les dit en pareil cas *didynames*.

Quant au pistil, il est semblable à celui des Pommes de terre, et son ovaire a deux loges qui renferment de nombreux ovules. Il devient à la maturité un fruit sec qui s'ouvre en haut par plusieurs trous ou pores dont les bords déchirés se renversent en dehors (fig. 263); et les graines (fig. 264, 265), chargées d'aspérités,

renferment un albumen et un gros embryon central et
non arqué, qui a deux cotylédons (fig. 265).

FIG. 259. — *Gueule de loup.*

Les feuilles de la Gueule de loup sont alternes, et ses
fleurs, rouges ou blanches, sont réunies en grappes.

Les *Linaires*, très communes dans nos champs, ont aussi une corolle en forme de gueule, comme le Muflier;

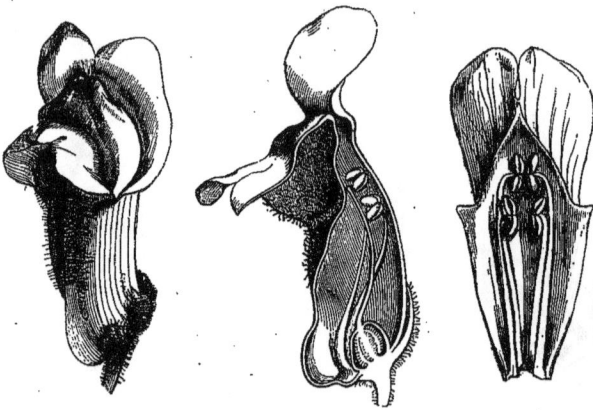

FIG. 260, 261 ET 262. — *Gueule de loup*. Fleur entière et coupée en long. Portion de la corolle portant les étamines.

mais tout à la base de cette corolle, là où la Gueule

FIG. 263, 264 ET 265. — *Gueule de loup*. Fruit s'ouvrant. Graine (grossie), entière et coupée en long.

de loup ne porte qu'une bosse obtuse, la Linaire présente un *éperon* long, aigu et creux (fig. 266).

Les *Scrofulaires*, communes dans les bois frais et les

lieux humides, ont une corolle *personnée*, comme les plantes précédentes, et, comme elles, quatre éta- mines *didynames*. Mais ses anthères n'ont qu'une loge, et la cinquième étamine existe sur leur corolle, sous forme d'une baguette sans anthère et qu'on appelle *staminode*. Dans les Scro- fulaires, les feuilles sont opposées, et non alternes.

La *Digitale* (fig. 267) est une plante parente des pré- cédentes. Sa corolle est ir- régulière, mais son ouver- ture est taillée obliquement, sans avoir la forme d'une gueule d'animal. C'est com- me un doigtier coupé en biseau. De là le nom de Gant de Notre-Dame. Dans les bois arides, la Digitale a des corolles roses fort bel- les; dans les jardins, elles sont assez souvent blanches; c'est une variété. Les étami- nes sont aussi didynames. Les feuilles sont alternes. Elles sont très vénéneuses et les médecins s'en servent, à doses minimes, comme de tant d'autres poisons, pour traiter les maladies du cœur.

A cause de la forme sin- gulière de leur corolle, toutes

Fig. 266. — *Linaire.*

ces plantes ont reçu le nom de *Personnées*. Elles se dis- tinguent en outre des Pommes de terre et autres plantes

analogues par la *didynamie* de leurs étamines. Cependant

FIG. 267. — *Digitale.*

il est bon de savoir que nos champs et nos bois sont pleins
tout l'été de petites Personnées à fleurs bleues ou blanches,
peu visibles souvent, qu'on appelle des *Véroniques*, et qui

FIG. 268. — *Véronique officinale* ou *Thé d'Europe.*

n'ont en tout que deux étamines. Quelques-unes sont
employées en infusions par les médecins, notamment le
Thé d'Europe ou *Véronique officinale* (fig. 268), très
commune dans les gazons de nos forêts, et la *Véronique
Beccabunga*, qui croît dans les marais et les ruisseaux.

XXI

LE LAMIER BLANC

Parmi les Orties qui pullulent au bord des chemins, des fossés ou le long des murailles, il y a souvent des herbes qui ont à peu près le même feuillage (fig. 269), mais dont les fleurs sont blanches et assez grandes, tandis que celles des vraies Orties sont petites, verdâtres, sans corolle, comme celles des Mercuriales.

Quant à ces fausses Orties à grande corolle, ce sont des *Orties blanches* ou *Lamiers blancs*. On peut manier leurs feuilles sans se piquer, et il suffit d'un regard jeté sur leurs corolles blanches pour se convaincre que ce sont des plantes très analogues aux Scrofulaires et aux Gueules de loup.

Le calice est vert, à cinq parties unies entre elles dans une grande étendue, c'est-à-dire *gamosépale*, et la corolle est gamopétale, irrégulière, comme celle des Personnées. Mais l'irrégularité est plus prononcée encore en ce sens que son *limbe* est profondément divisé en deux lèvres fort inégales. C'est ce qu'on appelle une corolle *bilabiée*; et si l'on regarde de près ses deux lèvres, on voit que la supérieure est formée de deux lobes et que l'inférieure en comprend trois (fig. 270 A, B).

Les étamines sont, comme celles de la Gueule de loup, *didynames* et portées sur la corolle (B).

La grande différence réside dans le pistil (fig. 270, D, I). Au-dessous de son style grêle et bifurqué tout en haut, on voit l'ovaire de couleur verte, situé au fond du calice et accompagné d'un petit disque. Mais cet ovaire n'a pas deux loges avec beaucoup d'ovules; il est partagé en quatre petites masses creuses dans chacune desquelles il n'y a qu'un seul gros ovule. On voit bien mieux ces parties quand le jeune fruit est noué et a grossi. Finalement, le fruit mûr

FIG. 269. — *Lamier blanc.*

(E, F) est formé de quatre masses sèches et qui ne s'ouvrent pas; ce sont autant d'achaines; et dans chacun d'eux il y a une graine dont l'embryon a deux cotylédons.

Le Lamier blanc est une herbe vivace. Ses branches sont carrées, comme celles des Scrofulaires, et ses feuilles sont également opposées. C'est dans leur aisselle que se

développent les fleurs, dont l'ensemble forme une sorte de
collerette au-dessus de chaque paire de feuilles (fig. 269).
Cependant ces fleurs ne sont pas disposées sans ordre. Celle
qui s'ouvre la première est en face du milieu de la feuille ;
les autres, plus jeunes, sont en dehors de la première, et

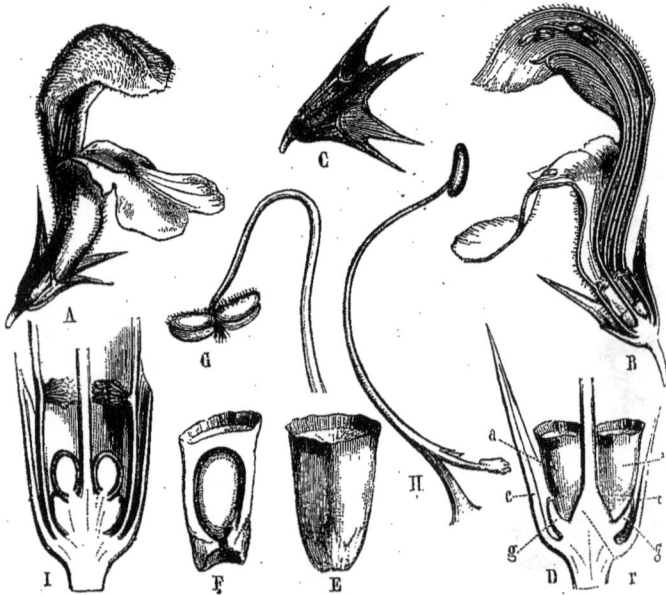

Fig. 270. — *Lamier blanc*. A. Fleur. — B. La même, coupée en long.
— C. Calice. — D. L'ovaire coupé en long. — E. Une des quatre
parties de l'ovaire. — F. La même, coupée en long. — G. Étamine.
— H. Étamine de *Sauge*. — I. Base de la fleur, coupée en long.

les dernières de toutes viennent sur les côtés des précédentes. Le tout se comporte donc comme une cyme ; mais
les fleurs y sont presque *sessiles*, et une pareille cyme se
nomme *glomérule*.

Toutes les plantes qui ressemblent à l'Ortie blanche
ont reçu, à cause de la forme de leur corolle, le nom de
Labiées; et l'on voit qu'une Labiée diffère principale-

ment d'une Personnée par son ovaire et son fruit ; car,

Fig. 271.
Sauge.

Fig. 272.
Romarin.

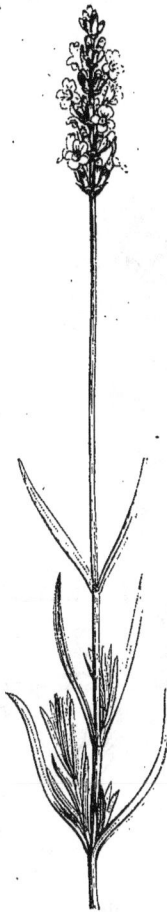

Fig. 273.
Lavande.

par la forme de la corolle, les deux groupes se ressemblent quelquefois beaucoup.

Il y a beaucoup de Labiées dans notre pays : d'abord
des Lamiers à corolle *rose* ou *jaune*, puis les *Sauges*
(fig. 270 H, 271), les
Lavandes (fig. 273),
les *Menthes* , les
Origans, les *Thyms*,
l'*Hysope*, la *Mélisse*,
le *Romarin*(fig.272),
la *Sarriette*, le *Lier-*
re terrestre, les *Ger-*
mandrées et les *Bu-*
gles(fig.274), si com-
munes dans les bois.
La plupart de ces
plantes sont très odo-
rantes. Leurs feuil-
les sont gorgées
d'une essence qu'on
extrait ordinaire-
ment par la dis-
tillation, et dont
on fait un grand

FIG. 274. — *Bugle.*

commerce. Dans les Bugles, comme dans les Lamiers,
cette essence est cependant fort peu abondante.

XXII

LA PRIMEVÈRE

Le nom de cette plante signifie *premier printemps.*
C'est que l'espèce la plus commune de nos prairies, le
Coucou à fleurs jaunes (fig. 275), s'épanouit en effet aux
premiers beaux jours. Dans les jardins, il y a des Primevères à fleurs blanches, lilas, rouges, qui s'ouvrent aussi
de très bonne heure. Un peu plus tard fleurissent les
Oreilles-d'ours qui sont aussi des Primevères, et souvent,
l'hiver, dans les appartements, on cultive les *Primevères
de la Chine,* à fleurs roses ou blanches.

Dans toutes ces plantes, la fleur a un calice gamosépale, en forme de tube plus ou moins renflé, découpé en
haut de cinq dents, et une corolle hypocratérimorphe, à
tube étroit et à limbe partagé en cinq lobes. Au point de
réunion du limbe et du tube se trouve la *gorge* (fig. 276, B)
de la corolle, et c'est là qu'on voit les étamines ; car, ainsi
qu'il arrive d'ordinaire dans les plantes à corolle gamopétale, les étamines sont portées sur la corolle et se détachent avec elle. Mais ce qu'il y a de remarquable ici,
c'est que, comme dans la Vigne, les étamines sont en
dedans des divisions de la corolle, *en face* de leur milieu,
et non dans leurs intervalles, comme dans les plantes
précédentes.

Quand il ne reste plus sur le réceptacle de la fleur que
le calice, et, au fond de celui-ci, le pistil, il est aisé de

voir l'ovaire en forme de boule creuse, surmonté d'un

Fig. 275. — *Primevère-Coucou.*

style grêle, dont le sommet se dilate en une petite tête
stigmatique (fig. 276, B). Si l'on ouvre alors l'ovaire, on voit

qu'il n'est pas partagé en plusieurs cavités. Il n'a qu'une loge, et celle-ci est remplie par les ovules très nombreux ;

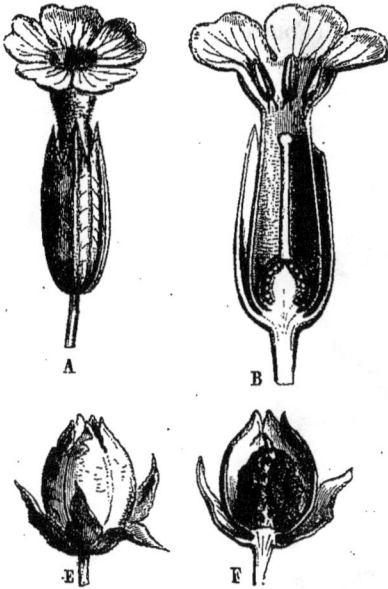

FIG. 276. — *Primevère-Coucou*. A. Fleur. — B. La même, coupée en long — E. Fruit s'ouvrant. — F. Le même, coupé en long.

mais on voit bien, surtout en détruisant les parois de la

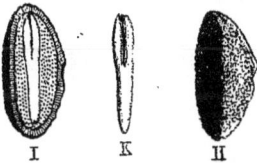

FIG. 277. — *Primevère-Coucou*. H. Graine (grossie). — I. La même, coupée en long. — K. Embryon dicotylédoné.

loge, qu'ils sont tous portés sur une petite boule centrale, libre, sauf à sa base, dans la cavité de l'ovaire.

Quand le fruit a noué et grossi, le calice se déchire
plus ou moins profondément pour laisser le fruit mùr se
développer ; celui-ci est sec, plein de graines qui renferment un albumen et un embryon dicotylédoné. Il s'ouvre

FIG. 278, 279 ET 280. — *Mouron rouge*. Branche portant des fleurs
et des fruits. Fruit (grossi), entier et s'ouvrant.

finalement en haut par des dents qui s'écartent, pour que
les graines puissent sortir (fig. 276, E, F).

Les Primevères sont des herbes à tige très courte, épaisse,
en partie cachée sous terre. La Primevère-Coucou porte
des feuilles alternes et, au sommet d'une *hampe* commune,

un bouquet de fleurs ayant de courts *pédicelles* qui partent tous à peu près du même point (fig. 275).

Il y a dans les champs et les jardins beaucoup de plantes parentes des Primevères, notamment les *Cyclamen*, qui ont de jolies fleurs à corolle réfléchie et un

FIG. 281. — *Lysimaque-Nummulaire.*

gros tubercule souterrain ; le *Mouron rouge* (fig. 278, 279 et 280), qu'il faut bien distinguer du *Mouron blanc*, voisin de l'Œillet, et qui a des fleurs rouges ou bleues, avec un fruit s'ouvrant par un couvercle (fig. 280), comme celui de la Jusquiame ; et les *Lysimaques,* abondantes dans les bois, les lieux humides. L'une d'elles, la *L. vulgaire*, a sa tige dressée et assez grande ; l'autre, la *L. Nummulaire* ou *Monnoyère*, qui doit son nom à la forme de ses feuilles courtes et presque arrondies, est une herbe très commune dont les branches grêles rampent sur le sol (fig. 281). Toutes ces plantes ont deux caractères qui leur sont communs avec les Primevères et qui ne s'observent pas dans les groupes précédents : les étamines sont placées en face des divisions de la corolle, et l'ovaire est uniloculaire, avec un placenta sans adhérence avec les parois, s'élevant de la base de la loge et portant plusieurs ovules.

XXIII

LA GARANCE

Il y a de grands champs de *Garance* (fig. 282) dans quelques parties de la France, surtout près d'Avignon et de Montpellier. C'est la *Garance des teinturiers,* ainsi nommée parce que ses racines fournissent de précieuses couleurs rouges et jaunes. Il y a aussi une *Garance sauvage* ou *voyageuse* dans tout le Midi; et nous verrons que, au nord, on peut remplacer leur étude par celle des *Gratterons* ou des *Aspérules*, qui n'en diffèrent que très peu.]

Les petites fleurs des Garances (fig. 283, 284) ont une corolle de faibles dimensions, qu'il faut regarder avec la loupe. C'est une sorte de petite écuelle, à quatre ou cinq divisions, qui se détache d'une seule pièce. Avec elle tombent autant de petites étamines *alternes* avec ses divisions. Mais, en dedans de la corolle, *on ne voit point d'ovaire.* Il n'y a là que les deux petites branches du style, terminées chacune par un renflement stigmatique. Quant à l'ovaire, il est placé au-dessous de la corolle; de sorte que celle-ci n'a pas besoin d'être épanouie pour qu'on l'aperçoive; *il se voit à la partie inférieure du bouton.* De là ces expressions : que l'ovaire est *infère* et que la corolle est *supère;* contrairement à ce qui se passe dans la Pomme de terre, par exemple, où l'ovaire est *supère,* c'est-à-dire supérieur à la corolle, qui est *infère.*

De plus, il n'y a pas de calice en haut de l'ovaire et en dehors de la corolle de la Garance ; de sorte que sa fleur est dépourvue de sépales, ou *asépale* (fig. 283, 284).

Si l'on coupe l'ovaire en travers, on voit que, comme celui de la Mercuriale, il y a deux loges, et que dans chacune de ces loges il y a un ovule (fig. 283).

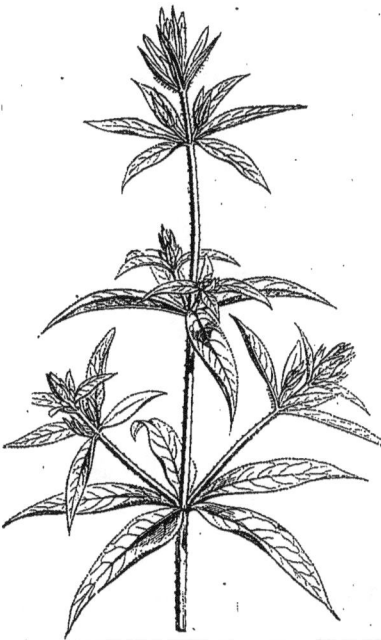

Fig. 282. — *Garance*.

Il en est de même dans le fruit qui succède à l'ovaire. Mûr, il est charnu, noirâtre, et il aurait deux loges si, bien souvent, l'une d'elles ne s'arrêtait dans son développement ; de sorte qu'il n'en reste alors qu'une.

Chaque loge du fruit renferme une grosse graine, et celle-ci, coupée en long, laisse voir un albumen dur

comme de la corne, *corné*, comme celui des *Iris*, et un
grand embryon *arqué*, dicotylédoné (fig. 285-288).

Nous avons dit que les *Gratterons* sont à peu près

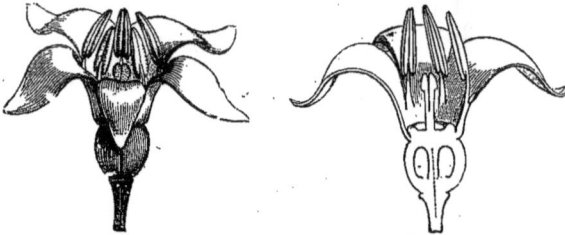

FIG. 283 ET 284. — *Garance*. Fleur entière et coupée en long.

pareils aux Garances. Il y en a beaucoup, tout l'été, dans
les bois et les champs. Le plus connu est le *Gloutteron*

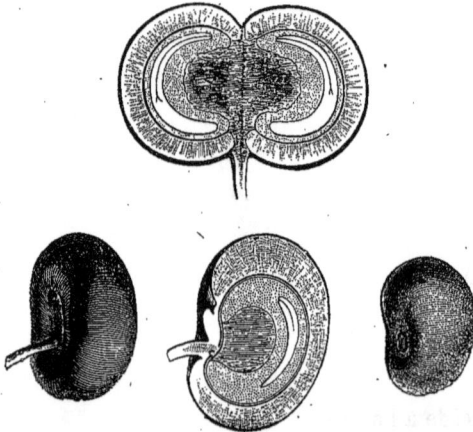

FIG. 285, 286, 287 ET 288. — *Garance*. Fruit à deux coques, coupé
en long. Fruit à une coque, entier et coupé en long. Graine.

ou *Caille-lait*, qui pousse surtout dans les haies, s'accroche aux habits, et a toutes ses parties si rudes qu'elles

peuvent écorcher la peau. Son dernier nom vient de ce qu'on l'employait pour faire cailler le lait et fabriquer du fromage. Ses petites corolles sont blanches. Le *Caille-lait jaune* (qui tire ce nom de la couleur de ses corolles) est aussi très commun; c'est une herbe moins élevée. Leur corolle est presque toujours à quatre divisions; et

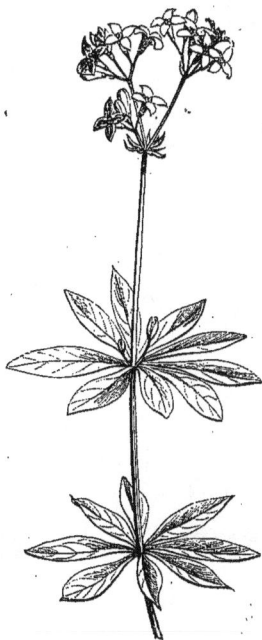

Fig. 289. — *Aspérule odorante.*

leur fruit, infère comme leur ovaire, n'est pas charnu à la surface, comme celui des Garances, mais sec.

Il y a aussi des Aspérules (fig. 289) dans nos campagnes : une, à jolies petites fleurs rose tendre, dont on se servait pour guérir les maux de gorge, et qu'on appelle *Herbe à l'esquinancie,* commune en été sur les pelouses ; et une autre, à fleurs blanches, dont les feuilles deviennent odorantes en séchant et servent à parfumer le linge, qui

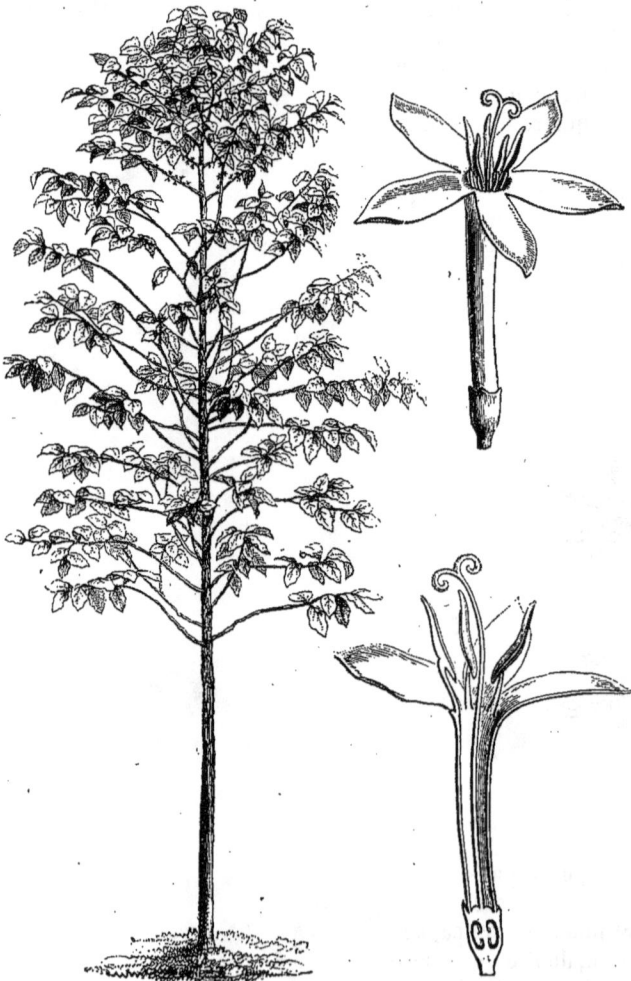

FIG. 290, 291 ET 292. — *Caféier*. Fleur (grossie), entière et coupée
en long.

se trouve dans les bois, notamment dans la forêt de

FIG. 293. — *Quinquina*. Branche fleurie.

Montmorency, et qu'on nomme le *Petit Muguet des bois*.

Leurs fleurs sont celles des Glouterons, sinon que leur petite corolle à quatre parties est en entonnoir ou en tube, au lieu d'être à peu près rotacée.

Toutes ces herbes ont dans leurs feuilles un même caractère commun : ces feuilles (fig. 282, 289), étroites et plus ou moins rudes, sont verticillées ; c'est-à-dire qu'au niveau de chaque nœud des branches elles forment une couronne dans laquelle elles sont au nombre de six ou plus. Leurs fleurs forment des petites *cymes*.

Dans les pays chauds, les plantes voisines des Ga-

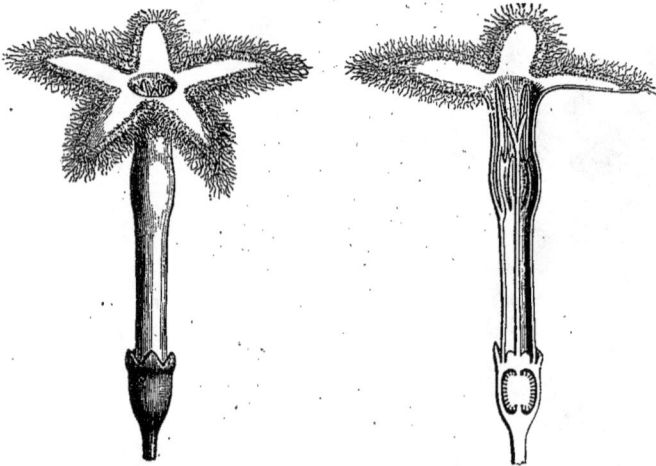

FIG. 294 ET 295. — *Quinquina.* Fleur (grossie) entière et coupée en long.

rances n'ont pas ordinairement les feuilles verticillées, mais bien opposées, avec des stipules interposées. C'est ce qui arrive notamment dans les *Cafés* (fig. 290-292), dont la graine torréfiée et moulue sert à faire une infusion odorante et excitante ; dans les *Quinquinas* (fig. 293-295), dont l'écorce sert à guérir les fièvres ; dans les *Ipécacuanhas* (fig. 296), dont les racines fournissent un vomitif très usité.

Il y a une parenté étroite entre les plantes qui pré-

cèdent et les *Sureaux*, dont deux espèces sont communes dans nos campagnes : le *Sureau-Hièble* (fig. 297),
qui est herbacé et croît sur le bord des champs, et le *Su-*

FIG. 296. — *Ipecacuanha*.

reau noir, qui se rencontre souvent dans les haies et dont
les tiges ligneuses et creuses renferment une *moelle* abondante. Leurs fleurs ont une corolle (fig. 298) analogue à

celle des Garances, régulière et accompagnée d'un petit

FIG. 297. — *Sureau-Hièble.*

calice, avec un ovaire infère qui devient plus tard un

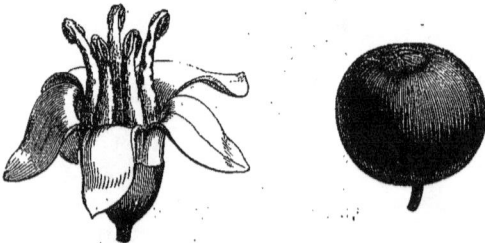

FIG. 298 ET 299. — *Sureau.* Fleur et fruit (grossis).

fruit charnu (fig. 299). Chacune des loges renferme un

seul ovule. Les Sureaux ont des feuilles opposées et composées-pennées, avec ou sans stipules.

Les *Chèvrefeuilles* (fig. 300-303) sont aussi voisins

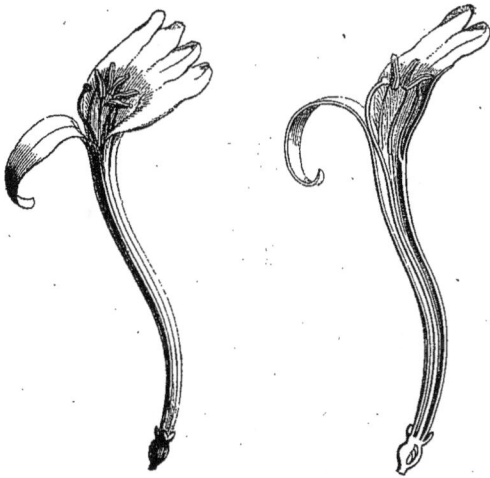

FIG. 300 ET 301. — *Chèvrefeuille.* Fleur entière et coupée en long.

des Sureaux. Mais leur corolle gamopétale, souvent très

FIG. 302. — *Chèvrefeuille.*
Fruit.

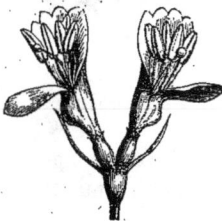

FIG. 303. — *Chamecerisier.*
Fleurs accouplées.

allongée (fig. 300, 301), a un limbe *irrégulier ;* et leur ovaire, qui devient une *baie* (fig. 302), a des loges conte-

nant plusieurs ovules. Leurs tiges, souvent grimpantes,
sarmenteuses, portent des feuilles opposées. Ce sont des
plantes employées surtout à la décoration des tonnelles,
des murailles. Il y en a cependant qui, comme ceux

FIG. 304. — *Symphorine.*

qu'on nomme *Chamecerisiers* (fig. 303), forment des
petits buissons dressés et ne grimpent pas. Leurs corolles
ont souvent une odeur très suave.

On cultive souvent aussi dans nos jardins les *Sympho-rines* (fig. 304), qui ont des fruits blancs et charnus et
une petite fleur à corolle rose.

XXIV

LA CAROTTE

On cultive beaucoup les *Carottes* (fig. 305-309) pour
leur racine alimentaire, douce, rougeâtre ou jaunâtre;
mais on les trouve aussi dans la campagne à l'état sauvage;
et, dans ce cas, leur racine est beaucoup plus grêle et
moins charnue. Leurs fleurs présentent beaucoup de ressemblance avec celles de la Garance; elles ont, comme
elles, un ovaire *infère*, à deux loges, un ovule dans
chaque loge, cinq pièces à la corolle et cinq étamines.

Seulement, le calice, quoique très court, est visible
sous forme de cinq petites dents qui entourent le sommet
de l'ovaire; et les cinq pétales, au lieu d'être unis en une
corolle d'une seule pièce, sont *libres*, rétrécis en onglet
à leur base, tous égaux dans certaines fleurs et inégaux
dans beaucoup d'autres. Il y a donc des fleurs de Carotte
à corolle *polypétale régulière*, et d'autres à corolle *irrégulière* (fig. 306, 307).

Il y a cinq étamines *alternes* avec les pétales, libres,
et qui s'insèrent, non pas sur eux, la corolle n'étant pas
gamopétale, mais avec eux, dans leurs intervalles, au-
dessus de l'ovaire. Tandis que celui-ci est infère, les
pétales et les étamines sont donc *supères*, comme dans
la Garance (fig. 307).

Il y a aussi un style à deux branches au-dessus de
l'ovaire, comme dans la Garance, avec une petite tête

Fig. 305. — *Carotte*.

stigmatique au sommet de chaque branche (fig. 306, 307).
De plus, la base du style est accompagnée d'un gros *disque*

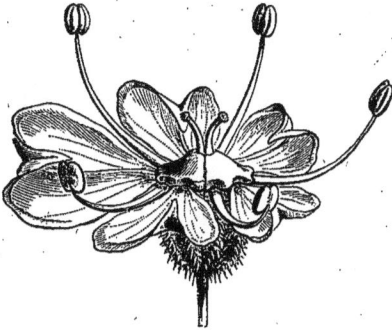

FIG. 306. — *Carotte*. Fleur (grossie).

glanduleux, à deux lobes, qui recouvre, comme un toit,
le haut de l'ovaire infère.

Le fruit des Carottes (fig. 308, 309) est très particu-

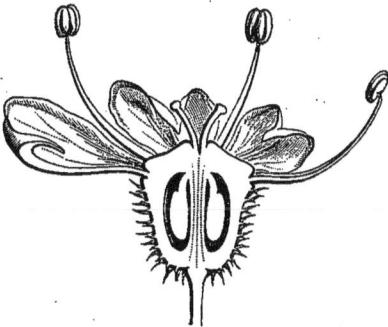

FIG. 307. — *Carotte*. Fleur (grossie) coupée en long.

lier; il se compose de deux moitiés égales, couvertes
de côtes épineuses, qui appartiennent à deux catégories

différentes. Il y en a de grandes, disposées sur six séries verticales, et, dans leurs inter-valles, notamment sur les lignes médianes antérieure et posté-rieure, six séries formées de saillies relativement très pe-tites. A la maturité, les deux moitiés du fruit se séparent l'une de l'autre. Chacune d'el-les est sèche, ne s'ouvre pas et renferme une graine. Chacune d'elles est donc un *achaine*, et l'ensemble du fruit est un *dia-chaine* (c'est-à-dire formé de deux achaines). La graine ren-

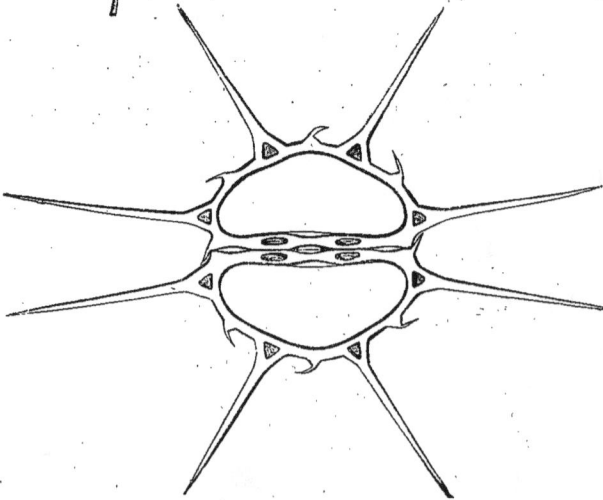

Fig. 308, 309. — *Carotte*. Fruit (grossi), entier et coupé en travers.

ferme un petit embryon à deux cotylédons, et un albumen *corné*, comme celui des Garances.

La racine de la Carotte, conique, épaisse, charnue, est
une de celles qu'on nomme *pivotantes*. Sur ses côtés,
on voit des racines d'ordre secondaire, très petites, très

FIG. 310 ET 311. — *Angélique*. Branche fleurie
et fruit (grossi).

grêles par rapport au pivot et disposées sur lui en
lignes verticales. La tige est herbacée, et les feuilles
alternes sont très profondément et très finement dé-

FIG. 312. — *Petite Ciguë*.

coupées, odorantes. Leur base se dilate plus ou moins en une sorte de gouttière ou de gaine.

Les fleurs sont petites et nombreuses, et chacune d'elles est pourvue d'une petite queue ou *pédicelle*. Or tous les pédicelles partent d'un même point, au sommet du *pédoncule*, et arrivent tous à peu près à la même

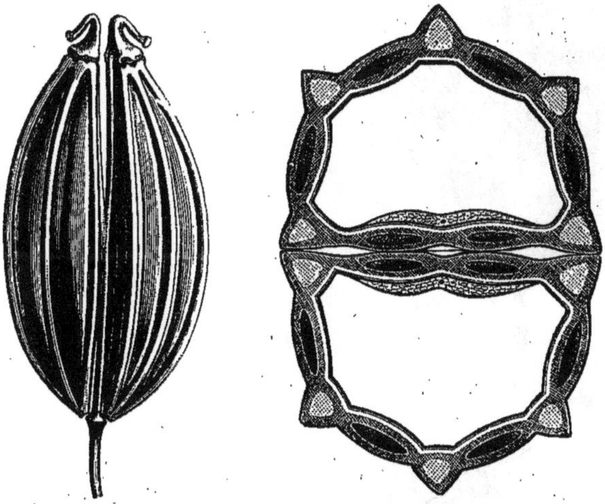

FIG. 313 ET 314. — *Carvi*. Fruit (grossi), entier et coupé en travers.

hauteur, de sorte que toutes les fleurs forment comme un plan horizontal. Une semblable inflorescence s'appelle une *ombelle*, et c'est d'elle que toutes les plantes analogues à la Carotte ont tiré le nom d'*Ombellifères*. A la base de l'ombelle on voit un cercle de feuilles réduites, plus petites que celles de la tige, qui entourent d'abord les fleurs comme d'un cornet; ce sont des *bractées*, dont la réunion constitue l'*involucre* (fig. 305).

Il y a des Ombellifères qui ont des involucres et d'autres qui en sont dépourvues. Beaucoup de plantes utiles appartiennent à ce groupe; leurs fruits sont odorants, aromatiques et servent à épicer les mets ou à fabri-

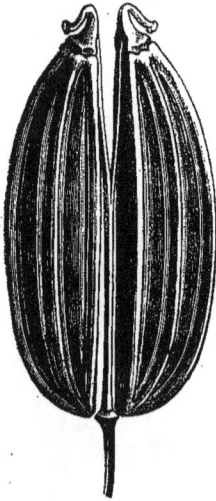 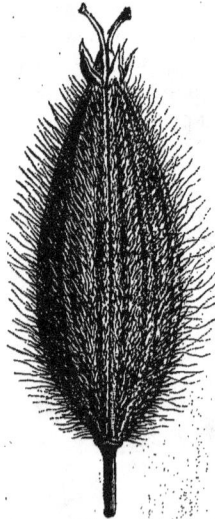

FIG. 315.   FIG. 316.

 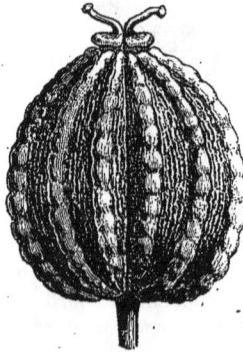

FIG. 317.   FIG. 318.

Fruits divers (grossis) d'Ombellifères. — FIG. 315. *Fenouil.*
FIG. 316. *Cumin.*— FIG. 317. *Ciguë vireuse.* — FIG. 318. *Grande-Ciguë.*

quer des boissons digestives. Les plus connues sont l'*An-*

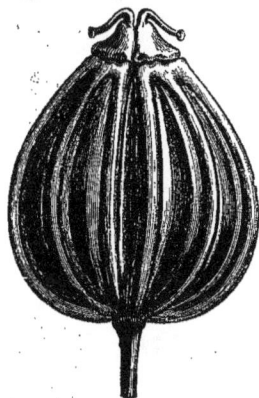

FIG. 319.

FIG. 320.

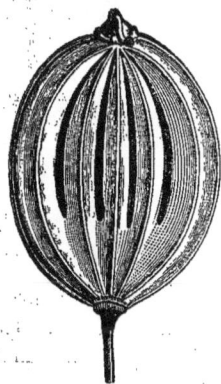

FIG. 321.

FIG. 322.

Fruits divers (grossis) d'Ombellifères. — FIG. 319. *Persil.*
FIG. 320. *Coriandre.* — FIG. 321. *Panais.* — FIG. 322. *Anis vert.*

gélique (fig. 310, 311), le *Cumin* (fig. 316), l'*Anis vert*

(fig. 322), le *Persil* (fig. 319), le *Cerfeuil* (fig. 324), le
Fenouil (fig. 315), le *Carvi* (fig. 313, 314), le *Panais*

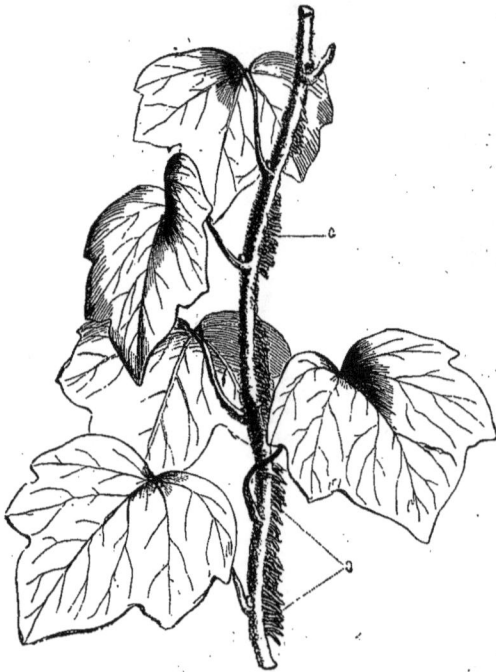

FIG. 323. — *Lierre.*
Branche avec crampons (*c*).

FIG. 324.
Cerfeuil. Fruit.

(fig. 321). Plusieurs Ombellifères sont aussi des poisons
violents, principalement les Ciguës (fig. 312, 317, 318);
de sorte qu'on ne doit pas porter à la bouche une Ombel-
lifère qu'on ne connaît pas bien.

Le *Lierre* est assez voisin des plantes précédentes. Son
fruit est charnu et ses tiges s'attachent aux arbres et aux
murailles à l'aide de crampons (fig. 323, *c*).

XXV

LA CAMPANULE

En été les prairies sont souvent parsemées d'une *Campanule* (fig. 327, 328) sauvage, à fleurs bleues, qui a une racine potagère. C'est la *Campanule Raiponce*. Dans les

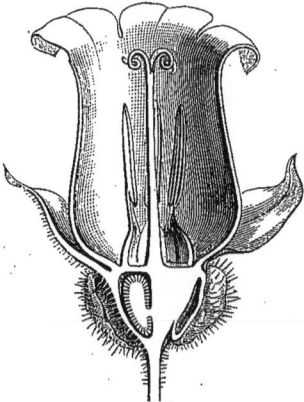

FIG. 325. — *Campanule Carillon*. Fleur coupée en long.

jardins on cultive entre autres une Campanule à fleurs plus grandes, bleues, blanches ou rosées, qu'on nomme *Campanule Carillon* (fig. 326) : ce qui tient à ce que sa corolle a la forme d'une cloche.

Le premier fait qu'on constate dans ces fleurs, même quand elles sont en bouton, c'est que l'ovaire est *infère*, c'est-à-dire situé sous la fleur (fig. 325, 326), comme

Fig. 326. — *Campanule Carillon*.

dans les Garances, les Chèvrefeuilles, les Carottes.

Aussi, le calice à cinq parties, et la corolle, en *cloche*, dont nous avons parlé, avec cinq divisions en haut du limbe, sont-ils *supères*.

En dedans de la corolle, il y a cinq étamines, *alternes* avec ses divisions; elles ont un filet large et aplati, et une anthère introrse, à deux loges.

On ne voit du pistil, en dedans de la corolle que le

FIG. 327 ET 328. — *Campanule Raiponce*. Fleur entière et coupée en long.

style, partagé en autant de branches stigmatiques qu'il y a de loges à l'ovaire, c'est-à-dire trois ou cinq.

Si, en effet, on coupe en travers l'ovaire infère de la

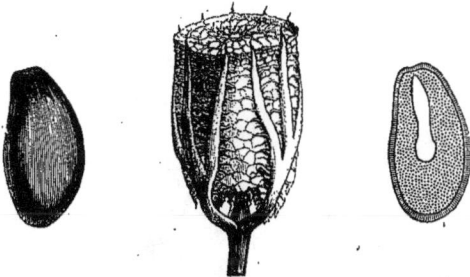

FIG. 329, 330 ET 331. — *Campanule*. Fruit. Graine (grossie), entière et coupée en long.

Campanule-Carillon, on lui voit cinq cavités; et si c'est celui de la Campanule Raiponce, trois cavités seulement, dans chacune desquelles il y a de nombreux ovules.

Finalement, l'ovaire de ces Campanules devient un

fruit sec (fig. 329), et les graines s'en échappent par des
panneaux triangulaires, analogues à ceux des Pavots,
mais plus grands. Ces graines (fig. 330, 331) ont un
albumen et un embryon dicotylédoné.

Les Campanules sont des herbes, et leurs feuilles sont
alternes. Leurs diverses parties renferment souvent un
suc laiteux, analogue à celui des Pavots, mais que la cuis-
son fait disparaître dans les espèces potagères. Dans la
Campanule Raiponce, la racine peut s'épaissir et devenir
un pivot conique et charnu qui est, avons-nous dit, comestible ; on mange également ses jeunes pousses.

XXVI

LE POTIRON

Il y a dans le Potiron deux sortes de fleurs. Certaines d'entre elles ne donnent pas de fruits; et dans celles qui en produisent, on voit dès le bouton, sous la fleur, un renflement qui répond à l'ovaire infère et qui deviendra plus tard le fruit, c'est-à-dire le Potiron qu'on mange en partie. On nomme ces fleurs *femelles* (fig. 334, 336).

Par opposition, on appelle *mâles* les fleurs qui n'ont pas d'ovaire à leur partie inférieure et qui ne donneront pas de fruit. En les ouvrant, on ne voit dans leur intérieur que des étamines (fig. 332). Avec de beaucoup plus grandes dimensions, les fleurs du Potiron se comportent donc comme celles de la Mercuriale et du Chêne; elles n'ont que des étamines ou un pistil à l'intérieur.

Quant aux fleurs femelles, elles rappellent beaucoup par leur configuration celles des Campanules. Dans leur ovaire infère il y a plusieurs compartiments (plus ou moins complets) qui renferment chacun de nombreux ovules, comme on le voit bien en coupant cet ovaire en travers (fig. 332). Au-dessus de lui est un calice de cinq sépales, et plus intérieurement une corolle en forme de cloche, gamopétale, à cinq divisions, et de couleur jaune. Au fond de la corolle on aperçoit un gros style; il a plusieurs branches épaisses, terminées chacune par un renflement

tout chargé de papilles *stigmatiques;* ce qui rend sa surface comme veloutée (fig. 334).

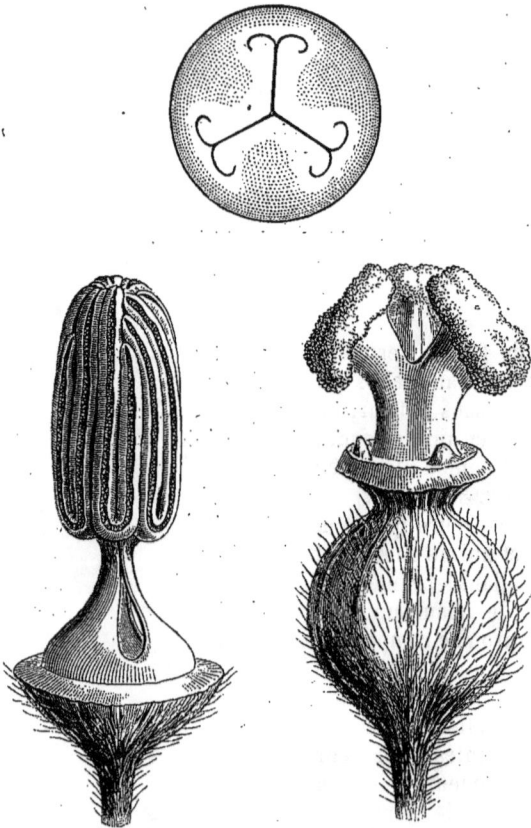

Fɪɢ. 332, 333 ᴇᴛ 334. — *Potiron.* Fleur mâle, le calice et la corolle
coupés en travers et à la base. Fleur femelle, le calice et la corolle
coupés. Ovaire coupé en travers.

Dans les fleurs mâles, il y a aussi un calice vert et une
corolle jaune, et, au fond de celle-ci, une colonne dressée

qui est partagée en trois baguettes inégales, et qui se

FIG. 335. — *Potiron*. Branche fleurie.

termine par une masse ovoïde jaune. Celle-ci est formée

d'anthères allongées, sinueuses, inégales (fig. 333), qui
finissent par laisser échapper le pollen par leurs fentes
contournées, et souvent l'on voit des insectes qui, entrés
dans ces fleurs pour butiner, en sortent tout enfarinés
de pollen.

Le fruit est une énorme *baie ;* elle peut atteindre près
d'un mètre de diamètre ; et les nombreuses graines aplaties qu'elle renferme, ont un embryon dicotylédoné dont

FIG. 336. — *Potiron.* Fleur femelle.

on distingue bien les diverses parties quand on les fait
germer. On voit alors sortir en premier lieu de la graine
la radicule qui s'enfonce en terre et qui a la forme d'un
petit *pivot*, sur les côtés duquel se développent des *racines secondaires* grêles. Mais bientôt le pivot s'arrête
dans son développement, se détruit même, et, par contre,
les racines secondaires prennent rapidement un développement considérable. C'est en pareil cas qu'au lieu d'être

pivotante, comme dans la Carotte, la Raiponce, etc., la racine est *fasciculée* (fig. 338).

Le Potiron accomplit dans nos jardins son évolution en une saison. C'est une grande herbe à feuilles alternes

Fig. 337. — *Melon*.

(fig. 335). Ses branches s'étalent à terre, étant trop molles pour se soutenir dressées. Elles peuvent aussi s'accrocher aux corps voisins : ce qu'elles font à l'aide de vrilles flexibles enroulées en tire-bouchon.

Quand une plante a, comme le Potiron, des fleurs

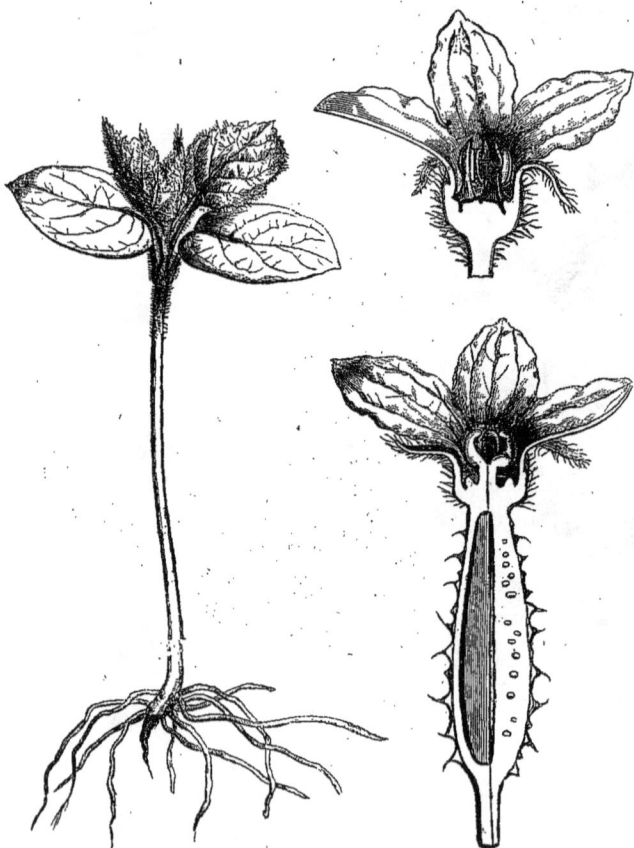

Fig. 338, 339 et 340. — *Melon*. Plante germant. Fleurs mâle et femelle, coupées en long.

mâles et des fleurs femelles sur un même pied, on la dit *monoïque*.

Beaucoup de plantes voisines du Potiron sont dans le

même cas ; nous citerons entre autres le *Melon* (fig. 337-
341), dont les grosses baies sont comestibles et dont on
cultive l'été plusieurs variétés dans nos jardins ; le *Concombre*, dont les jeunes fruits confits au vinaigre sont les
Cornichons, la *Pastèque* ou *Melon d'eau*, que l'on mange
dans le Midi ; le *Concombre d'âne* ou *Ecballium* (fig. 342),
dont les fruits mûrs, non comestibles, lancent, avec un

FIG. 341. — *Melon.* Plante portant un fruit.

liquide particulier, les graines qu'ils renferment, alors
qu'on les a cueillis en les détachant de la queue qui les
supporte ; la *Coloquinte*, dont le fruit est d'une amertume
extrême ; la *Bryone*, qui croît dans les haies, et dont les
grosses racines blanches sont un poison énergique et un
médicament très utile. Dans toutes ces plantes, les fleurs
des deux sexes ont une corolle à pétales librés, et non
gamopétale comme dans les Potirons. Les Concombres

ont les anthères surmontées d'un prolongement du connectif et leurs branches portent des vrilles simples. La

FIG. 342. — *Ecballium* ou *Concombre d'âne*. Branche portant
des fruits dont l'un lance ses graines.

Bryone a une toute petite baie sphérique et rouge. La
Coloquinte s'accroche aux objets voisins par des vrilles
ramifiées. L'*Ecballium* a les fleurs mâles disposées en
grappes.

XXVII

LE SOLEIL

En quelques mois le *Grand-Soleil* prend dans nos jardins, où on le sème chaque année, un développement considérable. C'est une des plus grandes herbes connues,

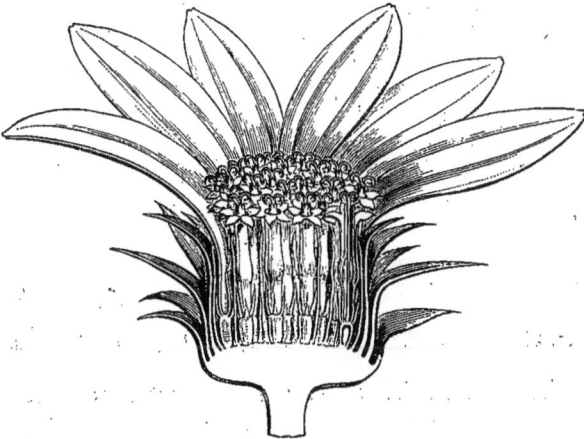

Fig. 343. — *Soleil.* Capitule coupé en long.

haute souvent de deux ou trois mètres. Tout le monde connaît cette énorme cocarde jaune à centre brun, qui termine les tiges à l'époque de la floraison, et il y a bien

des personnes qui croient que c'est là la fleur du Grand-
Soleil.

Mais si l'on y regarde de près, on voit bientôt que ce
n'est pas là une fleur unique, mais bien une réunion de
plusieurs centaines de petites fleurs (fig. 343). Un examen
quelque peu attentif montre aussi que ces fleurs sont

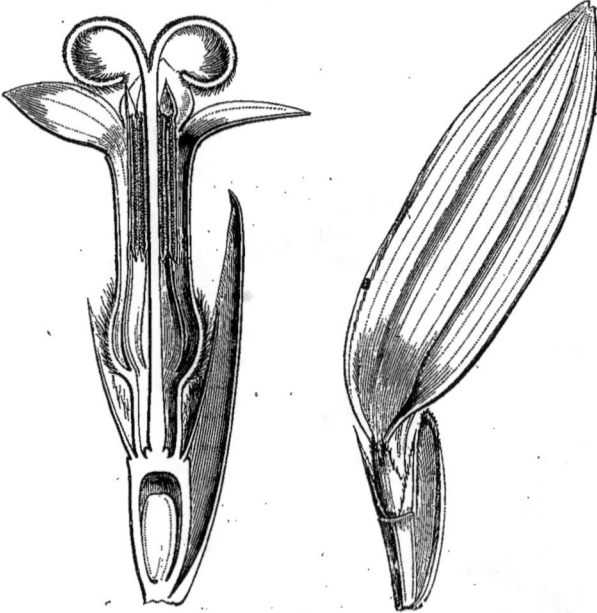

FIG. 344 ET 345. — *Soleil*. Fleuron coupé en long et demi-fleuron.

de deux sortes : les unes, qui occupent le centre, la
partie brune du groupe, sont des fleurs à corolle complète
et régulière (fig. 344). Les autres, disposées tout autour
des premières, ont la corolle terminée par une grande
languette jaune, étalée d'un côté ; ce sont des fleurs émi-
nemment irrégulières (fig. 345).

Les premières se nomment des *fleurons*, et les dernières des *demi-fleurons*.

Ce n'est pas tout : les fleurs n'ont pas toutes des étamines; les demi-fleurons de la périphérie en sont dépourvus, et les fleurons du centre ont, au contraire, cinq
étamines qu'il faut étudier avec soin à l'aide de la loupe,
car elles sont assez petites.

Comme la corolle est gamopétale, aussi bien dans les
demi-fleurons que dans les fleurons, on peut s'attendre
à voir les étamines insérées sur elle. Elles s'y ratta-
chent par des filets très minces, et leurs anthères sont relativement très épaisses. Mais ce qu'il y a de plus remarquable, c'est que, tandis que les filets sont libres,
les anthères s'unissent entre elles en une sorte de tube
que traverse le style. Quand les anthères sont unies de

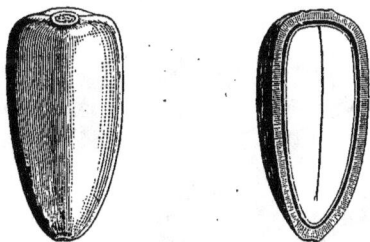

Fig. 346 et 347. — *Soleil.* Fruit (grossi), entier
et coupé en long.

la sorte, on les dit *syngénèses*, et dans le Grand-Soleil
il y a *syngénésie* (fig. 344).

Le pistil n'existe à l'état complet que dans les fleurons du centre. Là il est représenté, comme dans les
Garances et les Campanules, par un ovaire infère, surmonté d'un style qui se partage en haut en deux branches stigmatiques. Mais cet ovaire n'a qu'une cavité,
une loge, dans laquelle on ne voit qu'un seul ovule
(fig. 344). Dans les demi-fleurons même, il est plein,
mince, sans ovule; on le dit *stérile.*

Le fruit (fig. 346 et 347) qui succède à cet ovaire, est
sec, et il ne renferme qu'une graine. Celle-ci est formée

d'une enveloppe et d'un gros embryon à deux cotylédons.

FIG. 348. — *Soleil tubéreux* ou *Topinambour*.

Cet embryon (fig. 347) est rempli d'une huile qu'on
obtient en broyant les fruits du Grand-Soleil
Le *Topinambour* (fig. 348) est un Soleil dit *tubéreux* ;
il a, en effet, au bas de la tige, de gros tubercules sou-
terrains qu'on mange comme légumes.

Toutes les fleurs ou les fruits sont réunis sur un

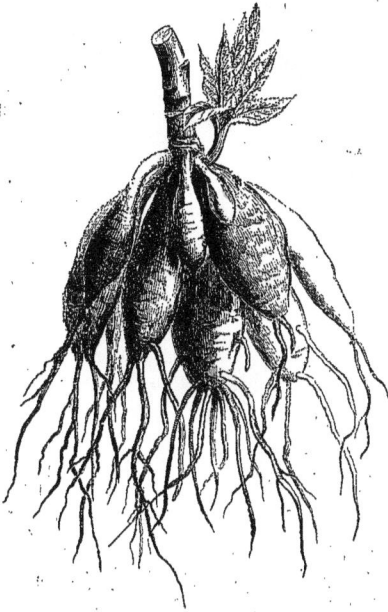

FIG. 349. — *Dahlia*. Racines tuberculeuses.

même plateau circulaire, qu'on nomme *réceptacle*. A la
base et à la périphérie de celui-ci se voit une collerette
de petites feuilles vertes, ou *bractées*, qui entourent
toutes les fleurs. La réunion de ces bractées s'appelle
involucre ; et l'ensemble du réceptacle, de l'involucre et
des fleurs, constitue le *capitule*, qui est l'inflorescence
de toutes les plantes analogues au Grand-Soleil. Cet en-

semble est souvent, mais à tort, considéré comme une
fleur ; tandis que c'est, nous le savons, une réunion de
nombreuses fleurs. De là l'expression de *fleur composée*,

FIG. 350. — *Dahlia* dit simple.   FIG. 351. — *Dahlia* dit double.

qui a été assez souvent employée, et le nom de *Composées* donné au groupe tout entier de ces plantes semblables par leur inflorescence au Grand-Soleil.

Il y en a beaucoup dans nos champs et nos jardins, notamment les *Marguerites*, les *Aster*, les *Pâquerettes*, (fig. 42) les *Chrysanthèmes*, les *Soucis* (fig. 354), les *Dahlias* (fig. 349-351), qui ont des racines tuberculeuses (fig. 349), l'*Arnica*, qu'on emploie comme vulnéraire,

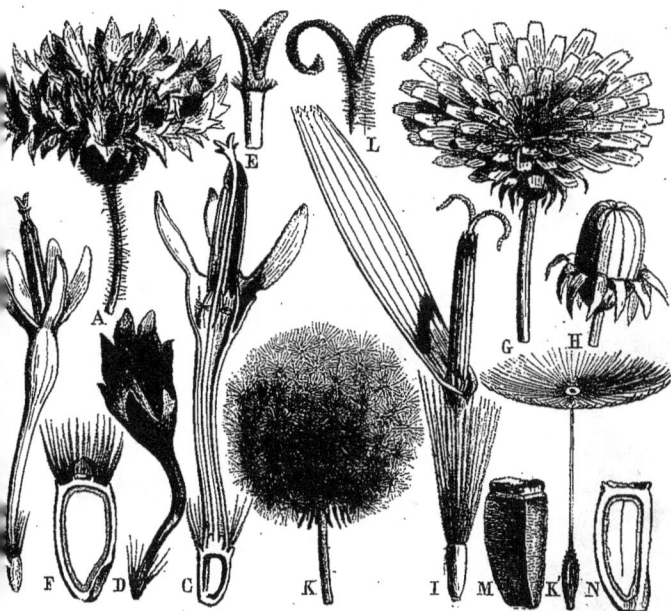

Fig. 352. — *Bleuet.* — A. Capitule. — B. Fleur fertile. — C. La même, coupée en long. — D. Fleur stérile. — E. Sommet du style. — F. Fruit coupé en long. — G. Capitule de *Pissenlit*. — H. Le même avant la floraison. — I. Demi-fleuron. — K. Fruit composé. — K'. Fruit de *Laitue*. — M, N. Fruit entier et coupé en long.

l'*Absinthe*, l'*Estragon*, la *Camomille*, l'*Aunée*, qu'on emploie à préparer des boissons, des médicaments, etc.

On choisit assez souvent de préférence, pour l'ornement des parterres, celles de ces plantes dont on dit qu'elles sont *doubles*. Mais il ne faut pas croire qu'elles

le soient de la même façon que les Roses, les Pavots, etc.,
c'est-à-dire par suite de la transformation des étamines
en pétales. Ce sont des capitules dans lesquels la corolle

Fig. 353. — *Artichaut*. — A. Jeune capitule, tel qu'on le mange. —
B. Le même, coupé en long. — C. Le même, au moment où les
fleurs s'ouvrent. — D, E. Fleur entière et coupée en long. — F. Fruit
avec son aigrette. — G, H. Le même, sans l'aigrette, entier et coupé
en long.

régulière des fleurons du centre est devenue accidentel-
lement irrégulière, comme celle des demi-fleurons de la
circonférence. Les *Dahlias* (fig. 354), les *Marguerites*, les

Chrysanthèmes, les *Pâquerettes,* les *Camomilles* et les *Soleils* dits *doubles* n'ont pas d'autre origine.

L'inverse se produit quelquefois, quoique plus rarement. Il y a des Pâquerettes, des Chrysanthèmes, etc., dans lesquelles toutes les fleurs du capitule ont une

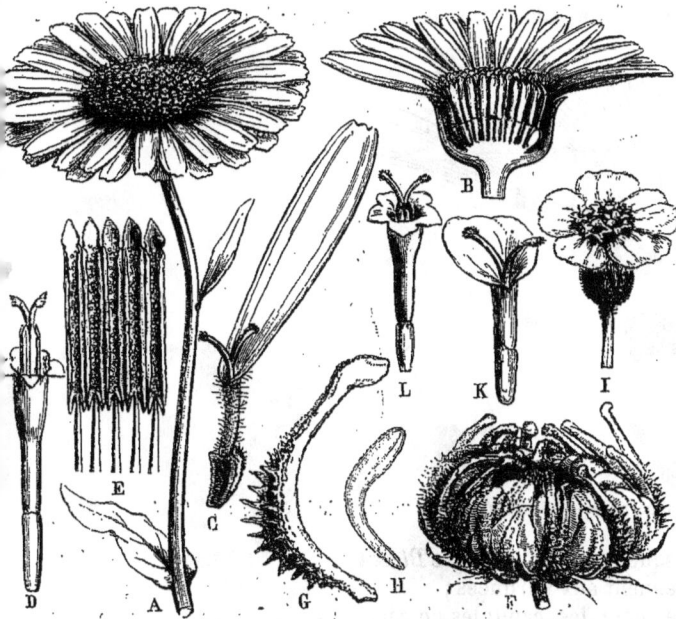

Fig. 354. — *Souci.* — A. Capitule. — B. le même, coupé en long. — C. Demi-fleuron. — D. Fleuron. — E. Étamines. — F. Fruit composé. — G. Achaine isolé. — I. *Mille-feuille.* Capitule. — K. Demi-fleuron. — L. Fleuron.

corolle régulière, *tuyautée;* c'est que toutes les corolles irrégulières de la périphérie du capitule s'y sont transformées en fleurons.

Eh bien, si l'on examine les capitules d'un *Chardon,*

d'un *Artichaut* (fig. 353), on voit que normalement toutes ses fleurs sont des fleurons.

Et si l'on prend ceux d'une *Chicorée,* d'un *Pissenlit* (fig. 352, G, H, I) ou d'une *Laitue,* on voit que toutes ses fleurs sont naturellement des demi-fleurons et ont toutes une corolle irrégulière.

On nomme *Carduées* toutes les Composées à capitules formés uniquement de *fleurons ;* les *Chardons,* les *Cen-*

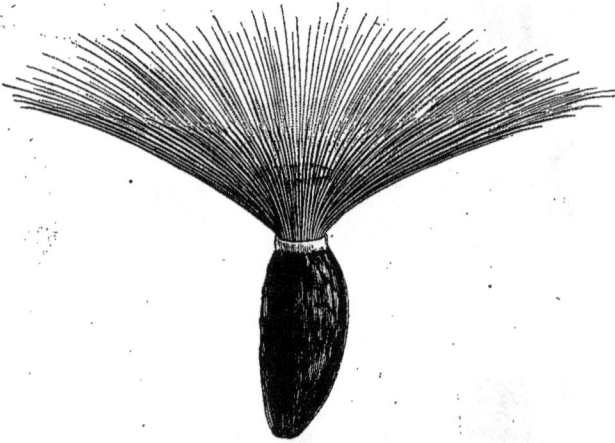

FIG. 355. — *Centaurée.* Achaine avec aigrette (grossi).

taurées (fig. 355), parmi lesquelles se trouve notre *Bleuet* commun (fig. 352), appartiennent aux Carduées ;

Chicoracées, toutes celles dont les capitules ne comprennent que des *demi-fleurons ;* ce sont, outre les *Chicorées,* les *Laitues* (fig. 356), les *Pissenlits,* les *Salsifis ;*

Radiées, toutes celles dont les fleurs du centre sont des *fleurons* et celles du pourtour des *demi-fleurons.* La Millefeuille (fig. 354, I-L), les Soleils et toutes les plantes que nous en avons rapprochées, sont donc des Radiées.

A quelque groupe qu'elles appartiennent, les Composées peuvent avoir des fruits pourvus d'une *aigrette,* c'est-à-dire qu'ils sont surmontés d'une couronne de poils fins, jouant souvent le rôle de parachute et pouvant maintenir quelque temps ces fruits suspendus dans l'air (fig. 352, K, 353, F, 355-357).

Beaucoup de ces plantes ont des racines renflées et comestibles, comme les *Salsifis ;* ou bien on mange leurs feuilles comme légumes, celles par exemple de nombreuses variétés de *Laitues* et de *Chicorées*, du *Pissenlit*, etc. Mais il y en a aussi de dangereuses, comme la *Laitue vireuse* (fig. 356, 357), l'*Absinthe*.

FIG. 356 ET 357. — *Laitue*. Fruit composé et achaine isolé (grossi), surmonté de son aigrette qui a un pied.

Les fleurs des Composées sont, d'après ce qu'on vient de voir, assez analogues à celles des Campanules, surtout celles dont la corolle est régulière. Mais il n'y a qu'une loge à l'ovaire des Composées, un seul ovule, et le fruit devient un *achaine ;* tandis que les Campanules ont un ovaire à plusieurs loges, une *capsule* à plusieurs graines, et n'ont pas généralement leurs fleurs rapprochées en capitule dans un même involucre commun.

XXVIII

L'OSEILLE

Les fleurs de l'*Oseille* (fig. 358-362) sont aussi petites que celles d'un grand nombre de Composées, et, par conséquent, un peu difficiles à observer. Aussi faut-il s'aider de la loupe, et c'est surtout pour cela que nous avons remis à ce moment, où l'on doit être considéré comme devenu habile dans le maniement de cet instrument, l'étude de l'Oseille et des plantes voisines.

Il y a d'ailleurs des fleurs d'*Oseille cultivée* pendant une grande partie de l'été dans nos jardins, et d'*Oseilles sauvages* dans les champs et les bois.

En boutons, les fleurs des Oseilles sont à peu près triangulaires. Les trois côtes qu'elles portent répondent au dos de trois petits sépales verdâtres. En dedans de ces trois sépales, il y en a trois autres, plus grands, *alternes* avec les précédents. C'est, on se le rappellera, à peu près la même chose que dans une *Scille* ou un *Lis*, à part la coloration et la taille différentes des parties. Aussi l'on dit que les Oseilles ont trois sépales *extérieurs*, et trois sépales *intérieurs*, appartenant à une autre rangée du *calice*, et alternes avec les premiers (fig. 359).

Il y a aussi six étamines dans ces fleurs, et l'on peut distinguer leur filet, mince comme un cheveu, et leur anthère *introrse*, à deux loges (fig. 360).

Reste alors le pistil, dont l'ovaire occupe le centre de

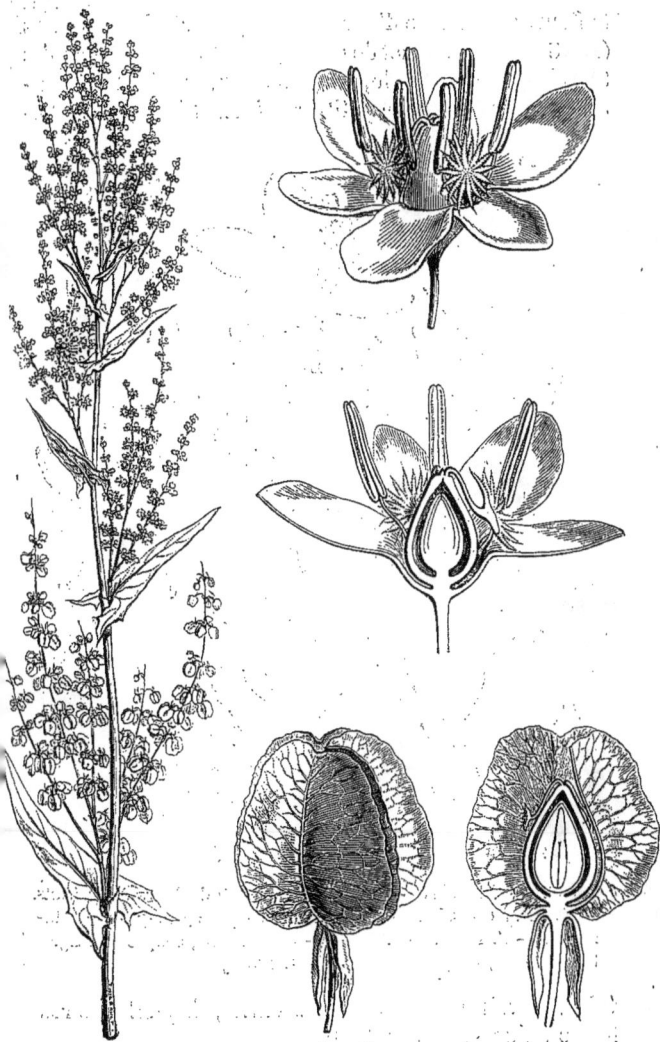

Fig. 358-362. — *Oseille sauvage*. Plante entière. Fleur (grossie), entière
et coupée en long. Fruit entier et coupé en long.

la fleur, sous forme d'une petite pyramide à trois faces
(fig. 360). Le sommet de cette pyramide est couronné des
trois branches du style, dilatées à leur extrémité stigmatique en une sorte de petit *goupillon*. Si l'on ouvre l'o-

FIG. 363. — *Sarrasin*. — A. Branche chargée de fleurs et de fruits.
— B. Fleur (grossie). — C. La même, coupée en long. — D. Éta-.
mines. — E. Pistil. — F. Fruit. — G. Le même, coupée en long. —
H. Le même, coupé en travers. — I. Embryon.

vaire, on voit qu'il n'a qu'une cavité, laquelle ne renferme qu'un ovule (fig. 360).

Si, maintenant, l'on examine avec une bien grande
attention la base de la fleur, on verra que ce n'est pas

tout à fait au sommet de la mince queue ou *pédicelle*
qui la supporte, que sont attachés les sépales et les éta-

FIG. 364. — *Patience*. Jeune plante feuillée.

minès, mais bien que toutes ces parties s'insèrent sur le
bord d'un petit cornet creux qui représente le sommet
dilaté du pédicelle. C'est là le *réceptacle*, légèrement

concave, par conséquent, de la fleur des Oseilles; et l'ovaire est, par sa portion inférieure, logé dans la concavité de ce petit réceptacle.

Le fruit (fig. 361, 362) de l'Oseille est sec, en forme de

Fig. 365. — *Betterave.* — A. Branche fleurie. — Groupes de fleurs. — C. Fleur (grossie). — D. La même, coupée en long. — E. Groupe de fruits. — F. Fruit. — G, H. Graine entière et coupée en long.

pyramide ; il ne s'ouvre pas et ne renferme qu'une graine. C'est donc un achaine. Autour de lui, le calice persiste le plus souvent et l'enveloppe plus ou moins complètement. La graine renferme un embryon à deux cotylédons et un *albumen farineux* (fig. 362).

Les Oseilles sont du même genre que les *Patiences* (fig. 364), dont la racine est employée en médecine.

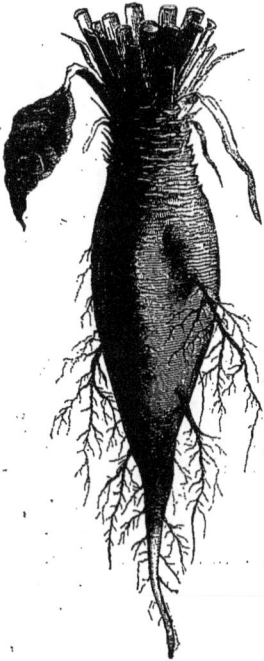

FIG. 366. — *Betterave*. Racine.   FIN. 367. — *Épinard*.

Les *Rhubarbes* sont des plantes voisines des Oseilles; elles en ont la fleur, sinon qu'on y compte neuf étamines au lieu de six. Elles ont des racines et des rhizômes purgatifs, et l'on mange dans plusieurs pays leurs feuilles, souvent aigres comme celles des Oseilles. Le *Sarrasin* (fig. 363) est aussi un proche parent des Oseilles ; mais sa fleur n'a souvent que cinq sépales et huit étamines. Son fruit est un achaine pyramidal, comme celui de l'Oseille ; et c'est la graine qu'il renferme qu'on emploie, à cause de son albumen farineux, aux mêmes usages que le Blé, notamment pour faire du pain et des galettes, dans certaines provinces de l'ouest de la France.

Toutes ces plantes sont des herbes, tantôt *annuelles*, tantôt *vivaces*. Leurs feuilles alternes présentent un caractère qui sert ordinairement à les reconnaître. Leur pétiole est surmonté d'un limbe qui s'enroule dans les bourgeons d'une façon curieuse, et sa base est accompagnée d'une sorte d'étui membraneux qui entoure étroitement la branche sur laquelle la feuille est portée (fig. 358, 364).

Les *Betteraves* (fig. 365, 366), les *Épinards* (fig. 367) et les *Chénopodes* ont des fleurs qui rappellent beaucoup celles des Oseilles, petites, verdâtres d'ordinaire, avec cinq sépales, mais avec un pareil nombre d'étamines, et un ovaire que surmonte un style, non à trois, mais à deux branches ; et leurs feuilles n'ont pas à leur base cette sorte de gaine qui caractérise les Oseilles et le Sarrasin. On sait que les Epinards sont des légumes comme les Oseilles, qu'on mange leurs feuilles, et que la racine de la Betterave, qui est alimentaire pour l'homme et les animaux, sert aussi à l'extraction du sucre indigène.

XXIX

LE SAPIN

Le Sapin (fig. 368-376) est un des plus communs de nos arbres *verts*. On appelle ainsi un certain nombre d'arbres riches en résine et qui ne perdent pas ordinairement leurs feuilles pendant l'hiver. Leurs fleurs sont très petites, comme celles des Chênes, des Mercuriales, de l'Oseille, etc., et elles sont de deux sortes : les unes, mâles, formées seulement d'étamines ; les autres, femelles, réduites à de petits pistils.

Les fleurs mâles du Sapin (fig. 374) sont représentées par une petite baguette grêle, toute chargée d'étamines dont les anthères ont deux loges et sont ordinairement surmontées d'une petite dilatation de ce corps qui unit les deux loges l'une à l'autre et qu'on nomme *connectif*.

Chaque loge s'ouvre par une fente et laisse échapper une grande quantité de *pollen* jaune. Cette poussière est quelquefois très abondante dans les forêts de Sapins ; les courants d'air l'entraînent très loin, et sa présence a souvent donné lieu à l'idée de ces pluies de soufre qu'on trouve mentionnées dans certains livres anciens.

Il y a une grande ressemblance entre cette sorte d'*épi* composé d'étamines et le *chaton* que forment les fleurs mâles du Chêne. Mais celles-ci ont en plus un calice. Les chatons mâles du Sapin se détachent ordinairement par leur base et tombent sur la terre quand leur pollen a été disséminé.

Les fleurs femelles du Sapin sont réunies sur des *cônes*

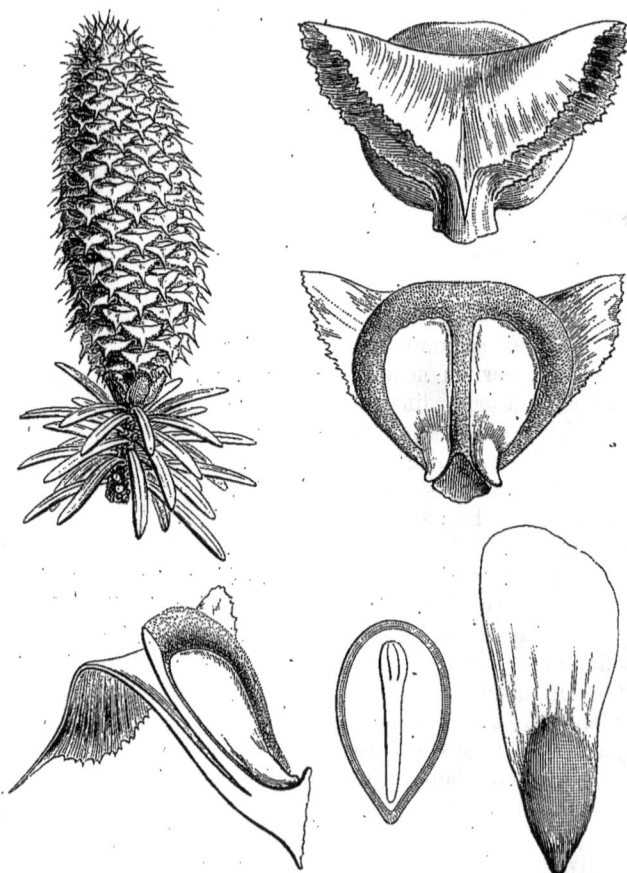

Fig. 368, 369, 370, 371, 372, 373. — *Sapin*. Inflorescence femelle.
Bractée avec l'écaille qu'elle porte dans son aisselle, vue de
dos. La même, vue de face, avec deux fleurs femelles. La même,
coupée en long. Fruit sec, ailé et le même coupé en long.

(fig. 368) dont nous allons étudier la constitution et qui

ont fait donner aux arbres verts tels que ceux-ci, le nom de *Conifères*. En coupant un de ces cônes en long par le milieu, on voit son centre occupé par une tige rectiligne, une sorte d'*axe* sur lequel toutes les autres parties du cône sont portées et disposées avec une grande régularité.

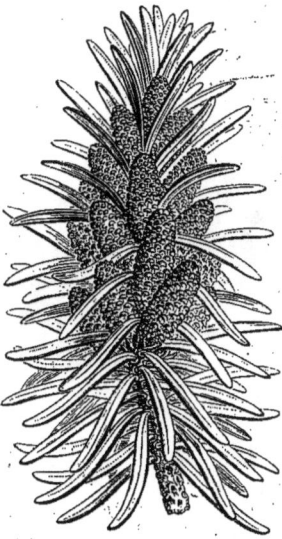

Fig. 374. — *Sapin*. Branche chargée de chatons de fleurs mâles.

Fig. 375. — *Sapin*. Cône mûr.

Ces parties sont de deux sortes : il y a d'abord des *bractées* peu épaisses, qui s'insèrent sur l'axe de la même façon que des petites feuilles, nombreuses et rapprochées, s'attacheraient sur une courte branche.

De même que toute feuille, ces bractées ont une aisselle, c'est-à-dire un espace angulaire compris entre l'axe du cône et le dessus de la bractée. Cette aisselle est occupée par une lame aplatie, rigide, qu'il ne faut pas

confondre avec la bractée, et qui la double toujours intérieurement. On lui a donné le nom d'*écaille*, à cause de
sa forme. Pour la bien observer dans toutes ses parties, il
faut enlever complètement la bractée qui est au-dessous
d'elle ; et l'on voit alors que tout à fait en bas et en dessous, tout près de l'axe du cône, l'écaille porte deux
petites fleurs femelles, l'une à droite et l'autre à gauche.

Ces fleurs femelles (fig. 378) ont chacune la forme

FIG. 376. — *Sapin*. Tronc coupé en travers.

d'une petite gourde renversée. Son ventre est creux et
son col se partage bientôt en deux branches égales ou
inégales, entre lesquelles se trouve un orifice béant qui
conduit dans la cavité de la gourde. En redressant
celle-ci, on voit qu'elle offre la plus grande ressemblance
avec le pistil d'un Chénopode ou d'un Épinard, dont
l'ovaire est surmonté de deux branches stylaires et dont
la cavité renferme un ovule attaché vers sa base. Le

même fait se produit dans le Sapin ; il y a toutefois des
personnes qui ne croient pas qu'on puisse absolument
comparer l'un à l'autre le pistil des Chénopodes et la
gourde renversée du Sapin : ce qui importe peu pour le
moment,

Après la floraison, le cône du Sapin grandit (fig. 375).

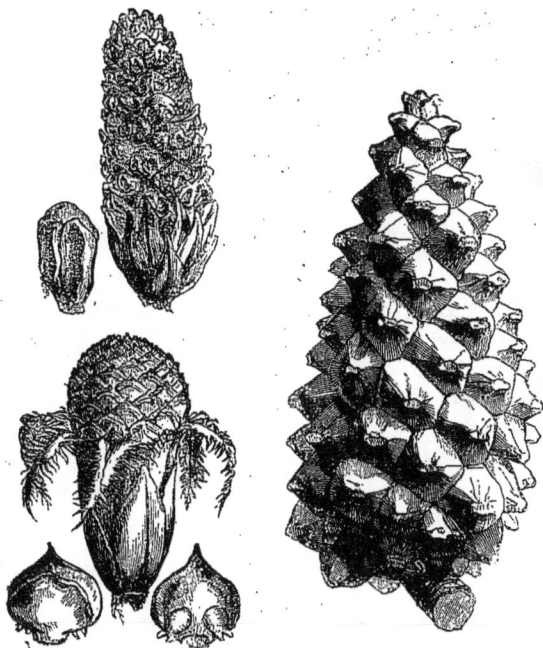

Fig. 377, 378 et 379. — *Pin*. Fleurs mâles. Fleurs femelles. Anthère.
Écailles. Fruit ou Cône.

Ses bractées s'épaississent et s'accroissent, moins cependant que les écailles, qui les dépassent bientôt de beaucoup. Les unes et les autres perdent peu à peu leur
teinte verte, deviennent de la couleur et de la consistance
du bois et c'est ainsi que se présentent finalement à nous

les cônes des Sapins, dont toutes les parties sont remplies
de résine et qui servent souvent à allumer les feux, tant
ils brûlent avec facilité.

Plus tard, le cône du Sapin s'entr'ouvre ; les écailles et
les bractées s'écartent, et les petites gourdes sont devenues chacune une petite masse dure, contenant un
albumen charnu et un embryon qui a ordinairement plus

FIG. 380. — *Thuya.* Branche fleurie.

de deux cotylédons ; elles sont surmontées d'une aile membraneuse qui sert à les disséminer (fig. 372, 373).

Les feuilles *persistantes* des Sapins sont alternes ; on
les a comparées à des aiguilles à cause de leur étroitesse
et de leur rigidité, et on les nomme *aciculaires*.

Le tronc et les branches des Sapins sont formés
(fig. 376) d'une écorce épaisse et d'un bois pâle, peu résistant, qu'on emploie beaucoup en menuiserie. Toutes

les parties de ces arbres ont une forte odeur de résine.

Les *Pins* (fig. 377-379), qui abondent aussi dans nos forêts, sont des Conifères, comme les Sapins; ils ont les mêmes fleurs mâles et femelles. Leurs cônes (fig. 379) ou *Pommes de Pin* sont souvent plus courts, plus arrondis,

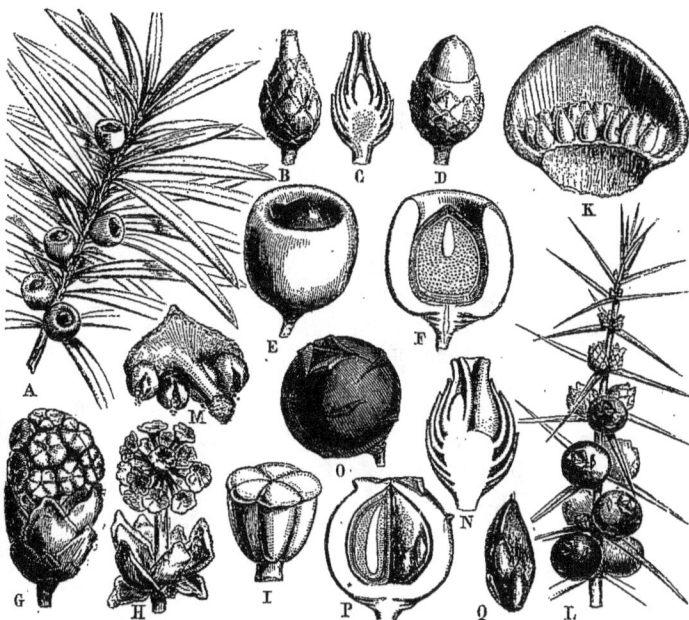

Fig. 381.— *If.* — A. Branche portant des fruits.— B. Fleur femelle. — C. La même, coupée en long. — D. Jeune fruit. — E. Fruit mûr. — F. Le même, coupé en long, entouré de sa cupule. — G. Fleurs mâles. — H. Les mêmes, épanouies. — I. Etamine. — K. *Cyprès.* Fleurs femelles. — L. *Genévrier.* Branche chargée de fruits. — M. Etamines. — N. Fleurs femelles. — O. Fruit composé. — P. Le même, coupé en long. — Q. Fruit isolé.

avec des écailles plus épaisses et plus obtuses. Leurs feuilles sont aciculaires, comme celles des Sapins, mais elles ne sont pas, comme elles, solitaires en un point donné des rameaux. Elles sont, au contraire, au nombre de deux ou plus, réunies dans une courte gaine par leur base. En incisant le tronc des Pins on se procure, dans plusieurs parties de la France, notamment dans les landes de Gascogne, une résine liquide qui sert à la préparation de l'essence de térébenthine, du goudron, de la poix, et de beaucoup d'autres matières résineuses.

Au groupe des Conifères appartiennent également les *Cèdres*, dont le plus connu est le *Cèdre du Liban* ; les *Mélèzes*, qui, par exception, perdent leurs feuilles pendant l'hiver, les *Thuya* (fig. 380), les *Cyprès* (fig. 381, K), dans lesquels les petites gourdes que représentent les fleurs femelles sont dressées, le goulot en haut, et non renversées ; les *Ifs* (fig. 381, A-I), dans lesquels cette même gourde est entourée à sa base d'une petite cupule qui, autour du fruit, devient rouge, charnue, sucrée et que les enfants mangent quelquefois, et les Genévriers (fig. 381, L-Q), dans lesquels les bractées peu nombreuses qui sont placées en dehors des fruits deviennent, non pas dures comme du bois, mais charnues, noirâtres, aromatiques, et forment par leur rapprochement des petites masses sphériques employées à préparer et à parfumer des boissons fermentées. Il faut écarter ces épaisses bractées pour apercevoir les véritables fruits, qui sont secs (fig. 381, P, Q).

XXX

LE BLÉ

Outre que la floraison de Blé ne se produit qu'à une époque assez avancée de l'été, nous avons remis l'étude de cette plante si intéressante et de celles qui lui ressemblent, à un moment où, familiarisé avec l'usage de la loupe, notamment par l'observation de fleurs aussi petites que celles de l'Oseille ou du Sapin, l'élève pourra se tirer plus facilement de celle du Blé, dont les organes floraux sont également de petites dimensions.

Si l'on cueille au moment de la floraison ce qu'on appelle l'*épi* du Blé, on verra que le centre de cet épi est dans toute la longueur occupé par une sorte de broche ou d'axe central. Cet *axe* (A) n'est pas droit, mais assez irrégulièrement coudé et comme brisé. Chacun des angles saillants qu'il porte à droite et à gauche répond à la base d'un très petit axe *secondaire* qui porte plusieurs fleurs et qu'on nomme un *épillet* (fig. 382, 383).

Comme tous les épillets d'un même épi sont semblables, il suffit de regarder l'un d'eux à la loupe pour se faire une idée de l'ensemble de l'épi.

Or chaque épillet représente un tout petit bouquet de fleurs placées les unes au-dessus des autres. Les inférieures seules produiront un grain de Blé et seront fertiles. Celles d'en haut sont, au contraire, stériles.

Et d'abord, l'épillet (fig. 382 B) porte à sa base, en face l'une de l'autre, deux bractées qui au début l'envelop-

paient et le protégeaient tout entier. On les appelle les
deux *glumes* de l'épillet (fig. 382 B).

Les glumes enlevées, on peut séparer de la base de
l'épillet une première fleur (fig. 382 C). On voit qu'elle a
pour calice deux bractées très analogues aux glumes,
placées en face l'une de l'autre, et qui ne sont pas pa-

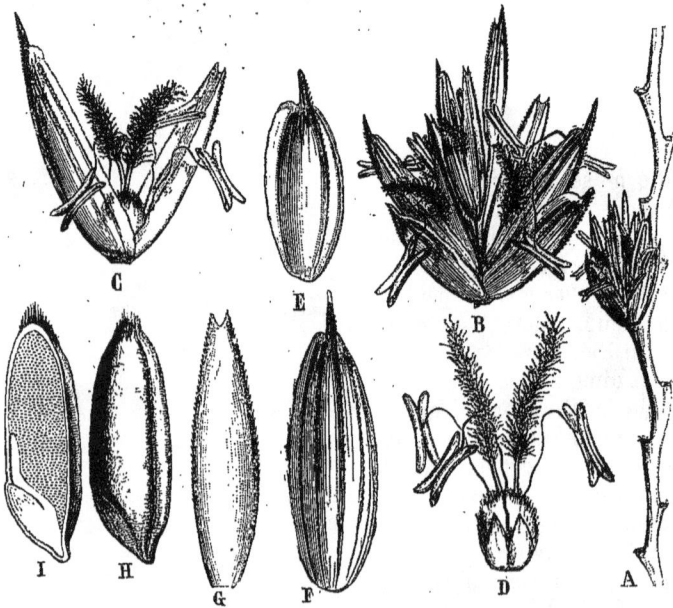

Fig. 382. — *Blé.* — A. Branche anguleuse qui porte les épillets. —
B. Épillet. — C. Fleur. — D. La même, sans les glumelles. —
E. Glume. — F, G. Glumelles dissemblables. — H. Fruit (grain de
Blé). — I. Le même, coupé en long (le tout grossi).

reilles l'une à l'autre. L'une d'elles est, en effet, terminée par une pointe qui peut demeurer courte (fig. 382 F),
mais qui, dans le *Blé* dit *barbu*, s'allonge en une arête
plus ou moins rigide. Ces deux bractées, qui tiennent
ici lieu de sépales, se nomment *glumelles* (F, G).

Fig. 383. — *Blé*, — 1. Épi de Blé non barbu. — 2. Épi de Blé barbu.
— 3. Plante entière. — 4. Fleur. — 5. La même, sans les glumelles. — 6. Axe coudé qui porte les épillets. — 7. Fruit.

En arrachant les glumelles d'une fleur, on aperçoit ses
étamines, son pistil et, à la base de celui-ci, deux petites

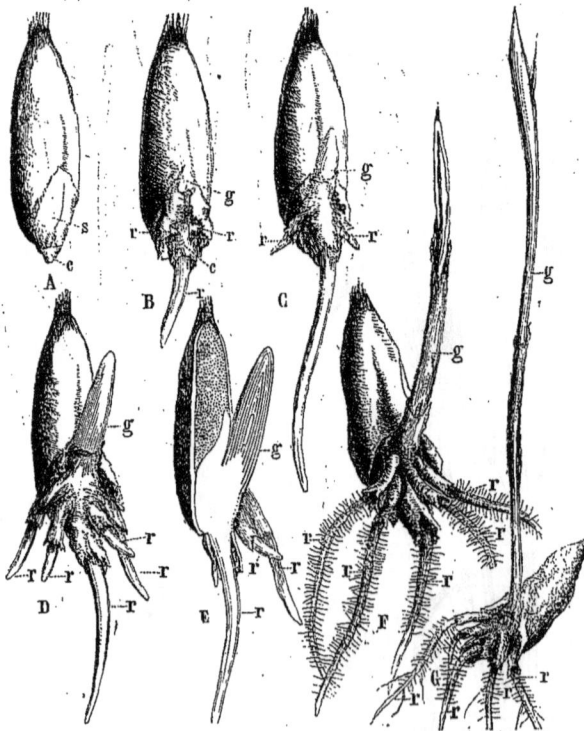

FIG. 384. — Fruit du Blé, avec la graine germant à ses divers états
successifs (A - G). — *g.* gemnule; *t.* tigelle; *r.* racines adventives
entourées à leur base d'une sorte d'étui ou de manchon.

écailles, un peu plus difficiles à observer, et qui se nomment *glumellules* ou *paléoles* (fig. 382, D).

Les étamines sont au nombre de trois. Au moment où
le Blé est bien en fleur, on voit leurs anthères sortir de
l'intérieur des glumelles et pendre au bout de leurs

FIG. 385. — *Orge.* — 1. Plante entière. — 2. Épi. — 3. Épillet. —
4. Fleur. — 5. Grain.

filets qui sont très
grêles. Ces anthè-
res ont la forme
singulière d'un X
à branches allon-
gées et peu écar-
tées l'une de l'au-
tre. Leurs deux
loges s'ouvrent en
long pour laisser
échapper le *pollen*,
qui est abondant
et qui forme un pe-
tit nuage quand on
agite dans l'air un
épi de Blé bien
fleuri.

Le pisti du Blé
a un ovaire court,
qui, coupé en tra-
vers, ne laisse voir
qu'une cavité, avec
un seul ovule dans
son intérieur. Sur
cet ovaire s'im-
plantent les deux
branches grêles
d'un style qui dif-
fère beaucoup par
sa forme de celui
de la plupart des
plantes. La por-
tion stigmatique
de ce style est *plu-
meuse*, semblable
à un petit plumet.

C'est l'ovaire du
Blé (fig. 382 D)

Fig. 386. — *Avoine.*

Fig. 387.— *Seigle*. — 1. Épi. — 2. Plante entière. — 3. Épillet. —
4. Fleur. — 5. La même, sans les glumelles.— 6. Grain.

qui, après la floraison, devient le *Grain*, c'est-à-dire le fruit. Et de même que dans l'ovaire il y avait un ovule, de même dans le fruit il y a une graine. Mais cette graine *n'est pas mobile* dans le fruit; elle en remplit toute la cavité; en pareil cas on dit que le fruit est un *Caryopse*.

On sème très souvent le Blé à la fin de la belle saison, et l'on voit avant l'hiver germer (fig. 384) la graine contenue dans le fruit. Alors l'embryon grossit de façon qu'on peut voir (E) plus facilement *son cotylédon unique*, placé d'un seul côté de la jeune plante, sous forme d'une feuille courte et épaisse, bientôt suivie d'une feuille verte, plus longue, *rectinerve*, comme le sont d'ordinaire les feuilles des Monocotylédones, le Blé appartenant à cette grande division des plantes.

Soit au moment de la germination, qu'on peut reproduire toute l'année, soit à une époque antérieure, il est facile de voir que l'embryon du Blé n'occupe qu'un tout petit coin de sa graine, en bas et un peu sur le côté (fig. 382, I). Tout le reste de cette graine est rempli par l'*albumen*, large provision de *fécule* blanche ou d'*amidon*, qui forme la majeure partie de la farine avec laquelle on fait le pain.

Quand le Blé a grandi, on distingue facilement sa racine, ramifiée, formée de divisions fines et nombreuses, et dite *racine fasciculée*, de sa tige verte qui s'élève dans l'air et qui a la forme d'un tuyau renflé de distance en distance en *nœuds pleins*, au niveau desquels s'attachent les feuilles. Une pareille tige se nomme un *chaume*.

Il n'y a dans le Blé qu'une feuille attachée en un point donné de la tige. Les feuilles sont donc alternes. Mais elles ne deviennent pas dès leur origine libres de toute union avec le chaume. Dans une assez grande étendue, elles l'entourent comme un étui qu'il faut fendre pour apercevoir la tige. Cette portion est la *gaine* de la feuille. Là où celle-ci devient libre et s'écarte du chaume, commence le *limbe*. C'est une longue lanière *rectinerve*. Au point d'union du limbe et de la gaine, on remarque une petite écaille saillante; c'est la *ligule*.

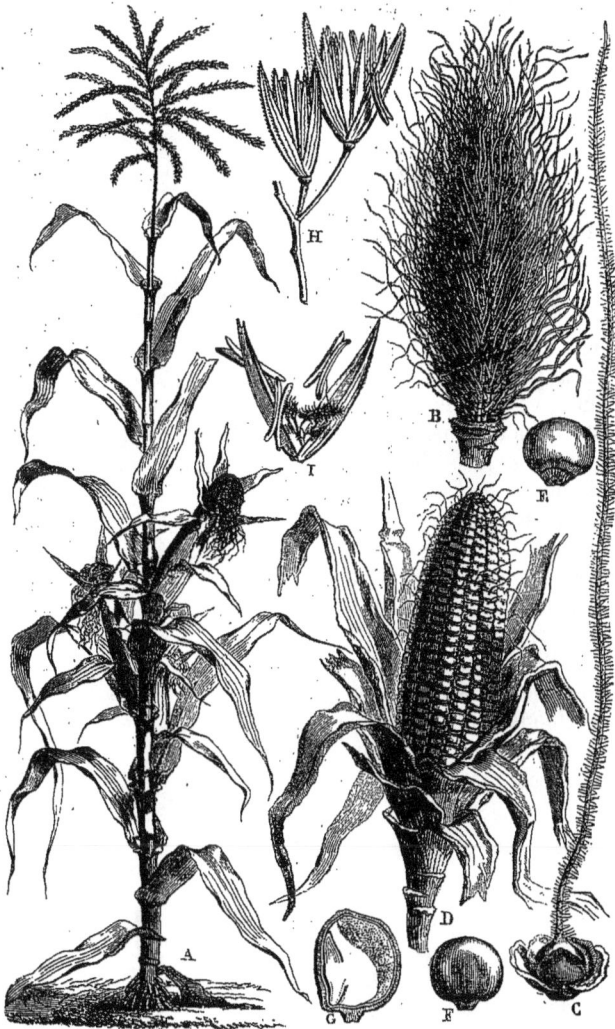

Fig. 388. — *Maïs*. — A. Plante entière. — B. Épi femelle. — C. Pistil. — D. Epi de fruits. — E, F. Fruit isolé, vu de face et de dos. — G. Fruit coupé en long. — H. Épillets mâles. — I. Fleur mâle.

On appelle *Gráminées* toutes les herbes à feuilles ainsi organisées, qui ressemblent extrêmement au Blé et qui sont cultivées dans nos champs pour leurs fruits, ou qui dans nos prairies forment le fond de gazon auquel on donne souvent le nom d'*herbe*. Telles sont le *Seigle* (fig. 387), l'*Avoine* (fig. 386), l'*Orge* (fig. 385), qui, comme le Blé, sont des *Céréales*, le *Chiendent*, les *Paturins*, les *Bromes*, les *Fétuques*, le *Ray-grass* dont on fait des pelouses dans les jardins.

Tels sont encore le *Riz*, qu'on cultive dans les lieux humides de certains pays plus chauds que le nôtre, et dont la fleur a six étamines, au lieu de trois; le *Sorgho*, qui sert d'aliment dans plusieurs pays chauds et dont le fruit contient du sucre dans certaines espèces; la *Canne à sucre*, cultivée dans les pays chauds, et dont le chaume n'est pas creux, mais rempli d'une sorte de moelle blanchâtre qui contient le sucre; les *Bambous*, dont les tiges très dures et souvent très volumineuses, sont employées dans des pays chauds à une foule d'usages domestiques et industriels; et le *Maïs* (fig. 388), dont le fruit nourrit aussi des populations considérables, et dont les fleurs sont de deux sortes. Les unes ont un pistil, et donnent des fruits ou *caryopses* (fig. 388, B D). Les autres n'ont que des étamines; elles sont *mâles* (fig. 388, H I) et forment au sommet des pieds de Maïs un bouquet qu'on peut couper après la floraison sans nuire au développement des fruits. Le Maïs est donc une Graminée *monoïque*, tandis que toutes celles dont nous avons parlé précédemment ont des fleurs hermaphrodites.

XXXI

LA FOUGÈRE

Parmi tant de Fougères qui poussent dans les bois, sur les murailles, ou même sur les toits de chaume, ou les vieux troncs d'arbre, on fera bien de choisir la *Fougère mâle* (fig. 389), qui est employée en médecine pour guérir du *tœnia* ou *Ver solitaire*, et qui souvent végète pendant presque toute l'année.

Ses feuilles sont alternes, très profondément découpées et à nervures *pennées*. On les nomme ici des *frondes*, et leurs petites divisions sont des *pinnules* (fig. 389, B).

Outre que les Fougères n'ont pas de véritables fleurs comme les plantes étudiées jusqu'ici, les corps qui remplacent les fruits sont portés sur la face inférieure des pinnules ; c'est là ce qui distingue surtout les frondes des feuilles ordinaires des plantes. Ces corps sont nombreux et réunis en petites masses de couleur brun foncé, disposées avec une certaine régularité, et qu'on nomme des *sores* (fig. 389, C).

Examinée de près et surtout à l'aide de la loupe, chaque sore montre d'abord une petite lame en forme de haricot, qui lui sert comme de couvercle, et dont les bords se relèvent facilement. A l'aide d'une épingle on peut aussi les soulever jusqu'à un point d'attache presque central, et l'on s'aperçoit ainsi que cette lame abrite un grand nombre de petits corps bruns en forme de poire

(fig 389, E), attachés par une queue étroite au voisinage
même du point d'insertion de la lame. Celle-ci se nomme
indusie, et les corps pyriformes sont autant de *sporanges.*

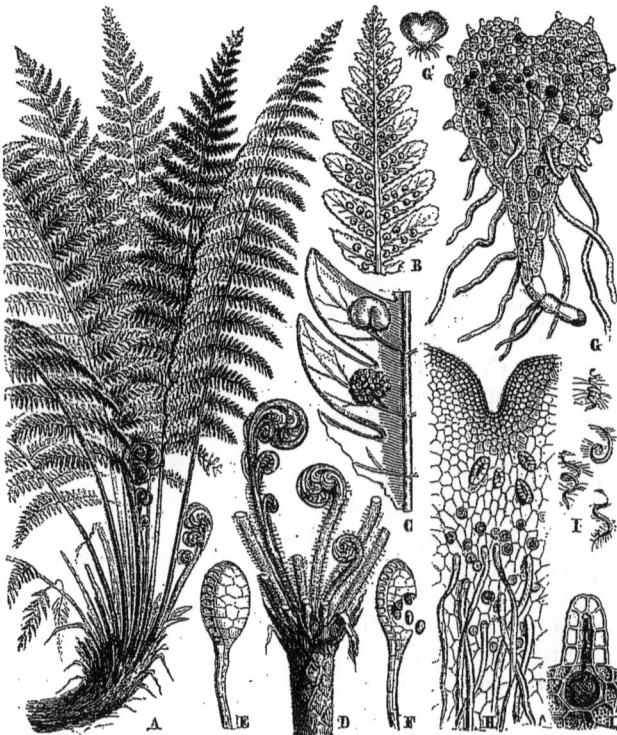

FIG. 389. — *Fougère mâle.* — A. Plante entière. — B. Division de la
fronde ou Pinnule. — C. Portion de cette division (plus grossie),
avec deux sores. — E. Sporange. — Le même s'ouvrant. —
G, H, I. Prothalle et ses produits.

Ces *sporanges* sont des petits sacs creux dont la
paroi se déchire à un moment donné d'une façon toute
particulière. Sur un de leurs bords, et dans toute leur
longueur, ils sont pourvus d'une sorte de côte formée

d'articles bien visibles, placés bout à bout et qu'on a pu
comparer à une petite colonne vertébrale, formée d'articles ou vertèbres. Cette côte est plus ou moins courbe
d'abord ; d'où son nom d'*anneau*. Mais à un moment
donné elle se redresse, et par là opère une traction
sur la paroi même du reste du sporange, qui se déchire en
travers ou obliquement (F).

Par cette déchirure sor-
tent vivement de nombreux
petits corps bruns, un peu
allongés. Ce sont les *spores*,
qui tiennent ici lieu de
graines, et qui, semées
d'elles-mêmes ou par la main
de l'homme, reproduisent
autant de pieds de Fougère.

On peut, sur de la terre
humide et quand la tem-
pérature est suffisamment
chaude, faire *germer* ces
spores sous verre. On voit
alors qu'une jeune Fougère
ressemble tout à fait à une
petite Mousse verte en forme
de plaque (fig. 392). Plus
tard cette petite plaque
change de caractère : on
y distingue une tige cylin-

FIG. 390. — *Fougère*. Bourgeon.

drique de Fougère, et, sur
celle-ci, des feuilles ou frondes alternes. Sur la tige
qui est souterraine, et qu'on nomme par conséquent
rhizome, se développent aussi des racines adventives qui
servent à fixer la plante dans le milieu où elle se nourrit ;
et, dans la Fougère mâle, c'est précisément ce rhizome
qu'on récolte pour l'emploi médical.

A son extrémité il y a toujours un gros bourgeon
(fig. 390) par lequel la plante s'allonge, et les frondes
qui composent ce bourgeon sont, dans leur premier âge,

recouvertes de poils bruns, et étroitement enroulées en
forme de *crosses*.

Dans les pays chauds, le rhizome des Fougères peut

FIG. 391. — *Fougère en arbre.*

être remplacé par une tige qui s'élève dans l'air et devient ligneuse ; on a alors une *Fougère en arbre* (fig. 391),
comme on en cultive quelques belles espèces dans les
serres.

Quelques autres jolies Fougères sont très communes dans nos bois, notamment le *Polypode*, dont la fronde n'est *qu'une fois* profondément lobée de chaque côté, et la *Fougère à l'aigle*, dont la fronde est *plusieurs fois* ramifiée, et qui tire son nom de la figure d'une sorte d'aigle à deux têtes qu'on obtient en coupant obliquement la queue ou pétiole de sa fronde.

Dans le Midi, on trouve, aux endroits humides, la *Capillaire*, dont les pinnules rappellent par leur forme un joli petit éventail, et qui sert à préparer un sirop adoucissant.

FIG. 392.
Fougère. Prothalle.

La petite lame par laquelle une Fougère est uniquement représentée quand elle est très jeune, s'appelle un *Prothalle*. C'est, comme nous l'avons dit, de lui que sortent les jeunes frondes, et c'est également sur ce prothalle que se trouvent divers agents de la reproduction dans ces plantes (fig. 389, G, H, I, L).

Les plantes analogues aux Fougères dans lesquelles les graines sont remplacées par des spores, se nomment des *Cryptogames*, tandis que toutes celles qui ont des fleurs auxquelles succèdent des fruits et des graines, sont dites *Phanérogames*.

XXXII

LE POLYTRIC

Parmi les *Mousses* qui, dès la fin de l'hiver, forment des tapis de fines verdures dans la plupart de nos bois, le *Polytric* est la plus grande et aussi la plus commune (fig. 393).

Ses tiges grêles et très nombreuses sont chargées de petites feuilles alternes, en forme de lames vertes, très délicates, au travers desquelles on voit un peu la lumière. Pendant plusieurs mois la plante ne porte pas autre chose.

Puis, à un moment donné, on voit sur certains pieds du Polytric de longues soies rigides comme un crin, au sommet desquelles il y a un petit sac vert en forme d'*urne*, laquelle est surmontée d'un petit couvercle conique, qu'on peut séparer de l'urne à l'aide d'une épingle et qui finit d'ailleurs par se soulever de lui-même.

Mais on n'aperçoit ce couvercle que quand on a débarrassé l'urne (fig. 393, 2) d'un petit chapeau de poils bruns qui s'enlève si l'on tire sur son sommet pointu, et qu'on nomme *Coiffe* (fig. 393, 5).

Alors on peut voir dans l'intérieur de l'urne, avec un grossissement suffisant, un certain nombre de ces petits corps appelés *spores* qui, semés, reproduisent une jeune Mousse. Ces spores sont renfermées dans un sac ou *sporange*, lui-même logé dans la cavité de l'urne.

Le Polytric se reproduit donc par des spores et

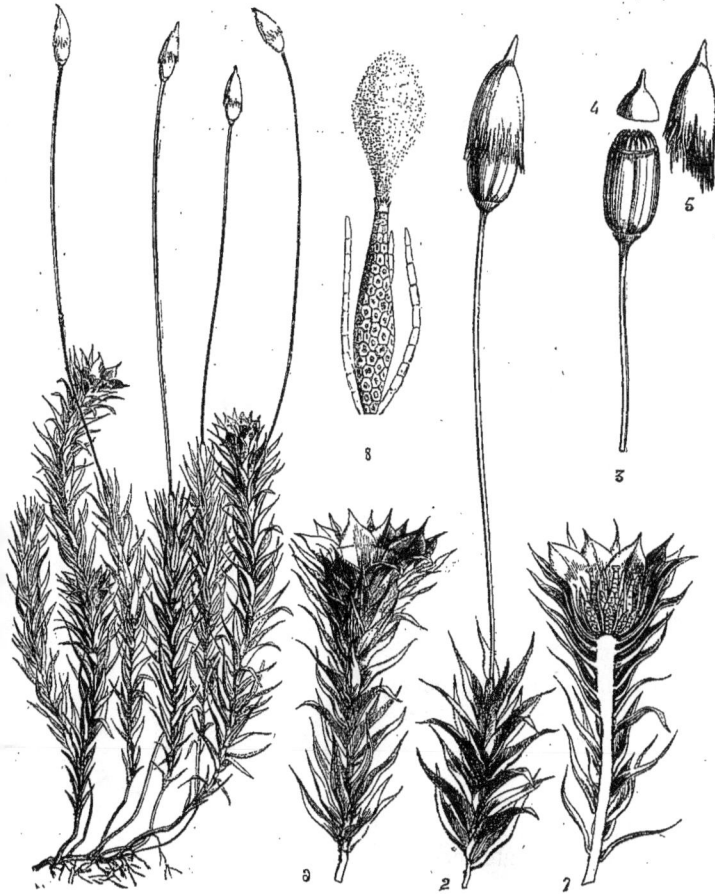

FIG. 393. — *Polytric.* — 1. Pied femelle.— 2. Une de ses branches.
— 3. Urne, avec son couvercle (4). — 6. Coiffe. — 7, 9. Pied
mâle; branche entière et coupée en long. — 8. Sac analogue à
l'anthère.

non par des graines ; c'est par conséquent, comme la
Fougère, une plante *cryptogame*.

Tous les pieds de Polytric ne portent pas des urnes. Il
y en a, souvent en très grand nombre, qui forment, avec
leurs feuilles supérieures une sorte de petite rosette, plus
tard épanouie en corbeille (fig. 933, 6, 7), et cette corbeille contient des sacs, qu'on ne voit qu'en grossissant

Fig. 394. — *Mousses*.

assez fort les objets, et desquels s'échappe, à un moment
voulu, une petite masse nuageuse qui est l'analogue du
pollen (fig. 393, 8). Ces sacs sont donc eux-mêmes les
analogues des anthères, et les pieds de Polytric qui les
portent sont des *pieds mâles*.

Les pieds *à urnes* sont *femelles ;* et, par conséquent,
les Mousses telles que le Polytric sont des plantes *cryp-
togumes-dioïques*.

XXXIII

LA PRÊLE

Dans les marais, les prairies et les bois humides il y a aussi, dès la fin de l'hiver et pendant la belle saison, une grande abondance de *Prêles* (fig. 395) ou *Queues de cheval*. Ce dernier nom vient de leur forme. Il y en a de grandes espèces, hautes de plus d'un demi-mètre, et d'autres beaucoup plus petites.

Elles ont des tiges dressées, simples ou ramifiées, qui sont constituées par des tubes à paroi verte et mince, membraneuse, finement cannelée, présentant des sortes de nœuds de distance en distance, avec une collerette délicatement dentelée au niveau de chaque nœud. Là aussi naissent des branches secondaires, formant *verticille*, quand les Prêles se ramifient.

Il y a des pays où l'on cueille en abondance ces Prêles pour les employer à polir les bois ou même certains métaux mous. Leur surface est souvent fort rude au toucher, et cela tient à ce qu'il s'y est déposé de nombreuses petites masses de *silice* qui font saillie à la surface quand la plante est desséchée et la rendent plus râpeuse encore.

Certaines tiges des Prêles se renflent à leur extrémité en une masse brune ou jaunâtre, plus ou moins ovoïde ou allongée et représentant une sorte d'épi (B). Examiné de près, ce renflement présente un axe central sur lequel sont implantés une foule de petits corps qui ressemblent à des clous se touchant par les bords de leur tête. En séparant un de ces clous, on voit sous sa tête des sacs qui pendent etqui sont autant de *sporanges* (C). De ceux-ci sortent vivement, quand elles sont mûres, les *spores* qui germent et donnent chacune un jeune pied de Prêle.

Il y a des tiges qui ne portent que des épis à leur extrémité et dont les branches latérales sont relativement fort peu développées. D'autres, au contraire, ne se terminent jamais par un épi, et leurs ramifications sont bien plus considérables.

A. Pied entier. — B. Épi dont le support est entouré d'une collerette. — C. Tête de clou portant en dessous un cercle de sporanges. — D. Un des sporanges. — E. Une spore entourée de rames qui l'enveloppent et qui en F se déroulent. Les mouvements de ces sortes de rames peuvent faire sauter la spore.— G. Tête de clou portant des sporanges, renversée.

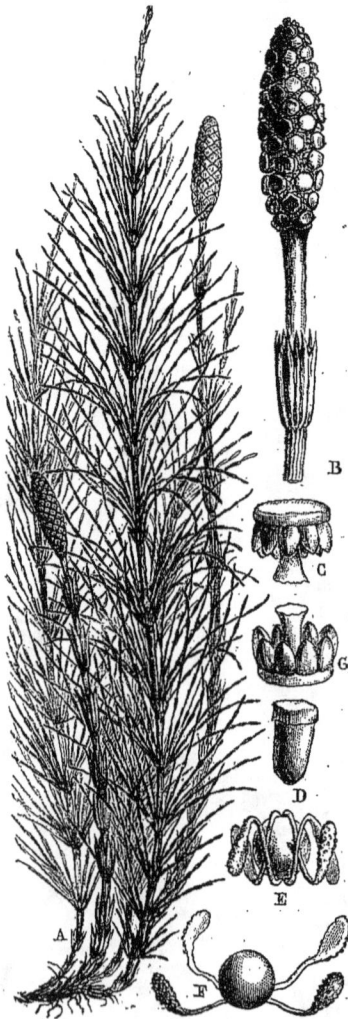

FIG. 395. — *Prêle.*

XXXIV

LE LICHEN

Au lieu d'avoir des tiges arrondies, comme les Mousses ou les Prêles, les *Lichens* sont des Cryptogames qui s'é-talent en forme de plaques (fig. 396, 397) plus ou moins lobées ou déchiquetées aux bords, sur les roches, les

Fig. 396.— *Lichen d'Islande.*

troncs d'arbres, les murailles ; le plus souvent d'une teinte grisâtre, ou jaunâtre, ou verdâtre. Ils se fixent par des crampons courts et très adhérents et pendant long-temps ne présentent rien de particulier à leur surface.

Mais à un moment donné, et très souvent à la fin de
l'hiver, on voit apparaître sur les plaques des taches de
couleurs variables, souvent assez vives, qui peuvent être
encadrées par un rebord, ou enfoncées dans la lame et
qui ont assez souvent la forme de disques, de boucliers, de
fossettes, etc. Suffisamment grossies, ces parties laissent
voir des sacs qui sont des *sporanges,* sortes de petits
sacs qui contiennent des *spores* capables de reproduire de
nouveaux pieds de Lichen.

Fig. 397. — *Lichen Pulmonaire.*

Les Lichens, quand on les mouille, développent souvent une matière mucilagineuse adoucissante. On les
emploie parfois pour traiter les maladies de poitrine, par
exemple le *Lichen Pulmonaire* et celui *d'Islande.* Dans ce
pays abonde le *Lichen des rennes,* seule nourriture souvent de ces animaux pendant l'hiver. Beaucoup d'autres,
qu'on récolte en abondance sur les rochers, souvent au
bord de la mer, sont riches en matière colorante et servent en teinture, notamment les *Orseilles.*

XXXV

LE CHAMPIGNON

Le plus connu des *Champignons* est le *Champignon de couche* (fig. 398, 399) qui se cultive abondamment dans les caves et les carrières des environs de Paris et qui se trouve aussi dans les prés à l'état sauvage. C'est lui que, dans ce cas, on appelle *Agaric champêtre.*

Sa portion extérieure au sol a la forme d'un parasol, supporté par un manche épais qu'on appelle le *pied* et qui, dans beaucoup de Champignons, porte à une certaine hauteur une *collerette* à bords déchirés.

La portion dilatée en parasol se nomme le *chapeau* (fig. 399). Elle est en dessus blanche et lisse; mais en dessous, où elle est d'un rose terne d'abord, puis brune, puis noirâtre, on voit une foule de petites lames verticales saillantes, qui rayonnent à partir du centre et qui vont rejoindre les bords.

Quand on regarde ces lames avec un verre suffisamment grossissant, ou s'aperçoit que l'aspect velouté qu'elles présentent est dû à une énorme quantité de petites saillies. Les unes ne portent rien; les autres sont couronnées par quatre petits spores en forme d'œuf, supportées chacune par un petit pied (fig. 399).

Quand ce pied se rompt, les spores se détachent, et peuvent germer, si elles tombent sur des corps humides favorables au développement des Champignons. Ces corps

·sont des substances en putréfaction; pour le Champignon
de couche, par exemple, du fumier. Pour d'autres ce
seront du bois pourri, des feuilles en décomposition, des
excréments ou détritus de toute sorte.

Mais il ne faut pas croire que les spores du Champignon de couche produisent, quand elles germent, des

FIG. 398. — *Champignon de couche.*

corps en forme de parasol et portant les spores, tels que
ceux dont nous venons de parler. Elles ne donnent qu'un
Mycelium.

Ce *Mycelium* consiste en un amas de filaments très
grêles, plus ou moins ramifiés, ressemblant un peu à de
la toile d'araignée (fig. 398, 399). C'est lui que les mar-
chands vendent sous le nom de *Blanc de Champignons.*

On plante ce *Blanc* sur du fumier, et bientôt il se développe à sa surface les parasols que nous connaissons.

On mange le *Champignon de couche* et aussi beaucoup d'autres Agarics qui croissent dans les bois et dans les prés et qui ont des chapeaux de formes et de dimensions très diverses, de même que des couleurs très variées : blancs, jaunes, rouges ou même bleus. Mais il y a aussi beaucoup de ces Agarics qui sont des *poisons extrêmement violents ;* de sorte qu'il ne faut jamais en porter à la bouche une espèce qu'on ne connaît pas et qui n'a pas été indiquée comme *alimentaire* par les personnes compétentes.

Les *Cèpes* (fig. 400), dont quelques espèces se mangent aussi, tandis que beaucoup d'autres sont, au contraire, *vénéneuses*, ont un mycélium, un pied et un chapeau, comme les Agarics. On les nomme des *Bolets*, et le *Cèpe de Bordeaux*, qui est servi sur tant de tables, notamment dans le Midi, où il se mange tantôt frais, et tantôt conservé, est le *Bolet comestible.* Ces Bolets diffèrent essentiellement des Agarics, en

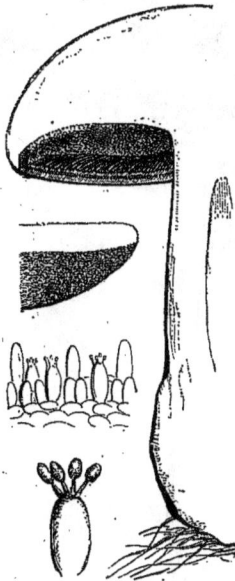

FIG. 399. — *Champignon de couche*, coupé en long. Spores sur leurs supports.

ce que la face inférieure de leur chapeau, celle qui porte les spores, est pourvue, non de plis rayonnants, mais de nombreux petits trous en forme de puits minuscules dans lesquels les spores sont renfermées.

Dans les *Morilles* (fig. 402), ordinairement bonnes à manger, le chapeau est remplacé par une masse allongée, ovoïde, toute chargée de fossettes inégales, séparées les unes des autres par des rebords formant un réseau irrégulier.

Les *Truffes* (fig. 401), dont quelques-unes sont fort recherchées par les gourmets, notamment la *Truffe noire*,

Fig. 400.— *Cèpe comestible.*

qui vient près des arbres, surtout des Chênes, en Périgord, en Bresse, etc., sont des Champignons dépourvus de pied et vivant complètement sous terre. Ils ont la

forme irrégulière d'une pomme de terre et une sorte
d'écorce dure, rugueuse et foncée. Quand on coupe cette
masse, on voit qu'elle est finement veinée de blanc sur
fond noir, et dans son épaisseur, on peut apercevoir,

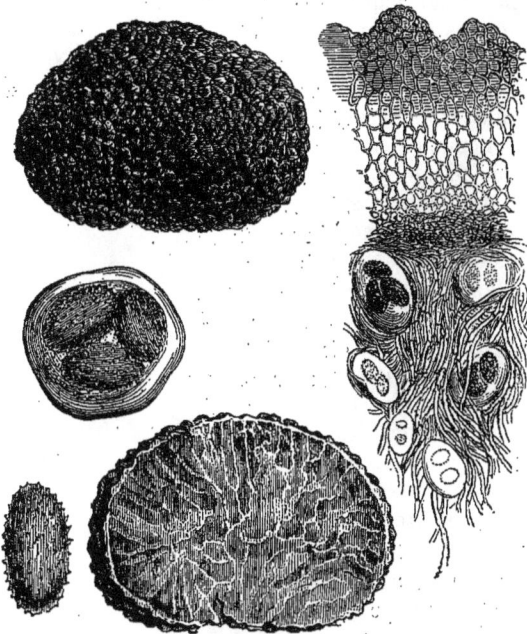

FIG. 401. — *Truffe noire*, entière et coupée en long. Portion (très
grossie) de son tissu. Extérieurement se voit la croute ou écorce
dure et foncée de la Truffe. Plus intérieurement, au milieu d'une
substance filamenteuse, les sporanges contenant les spores. Sporange (grossi davantage), renfermant trois spores et spore isolée
(plus fortement grossie encore).

avec des verres qui donnent un grossissement suffisant,
un grand nombre de petits sacs à paroi très délicate,
pressés les uns contre les autres. Chacun d'eux renferme quelques *spores*, elliptiques, noirâtres, à surface
rugueuse. De sorte qu'ici, comme dans les Lichens ou

les Fougères, il y a des *sporanges* contenant les *spores*, mais ces sporanges sont d'une forme toute particulière et intérieurs à la masse même du champignon.

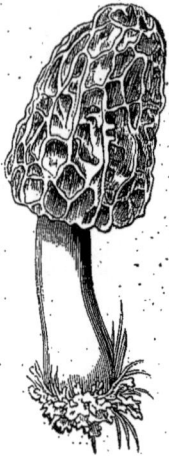

Les Champignons affectent beaucoup d'autres formes et sont aussi nombreux que variés dans leur apparence générale. Souvent ils sont réduits à des masses en forme de houppes, des filaments, de clous, de réseau, de mucilage, etc. Les *moisissures* qui se développent sur le pain mouillé, sur un grand nombre d'aliments gâtés ; les poussières colorées en noir, en jaune, qui se voient sur le Blé ou d'autres céréales qu'on dit atteintes de *carie*, de *rouille*, etc ; les masses plus ou moins floconneuses qui produisent les maladies de plusieurs plantes utiles, comme la vigne, la pomme de terre, celles de plusieurs animaux et même de l'homme, tous ces êtres si simples en apparence, mais dont l'organisation paraît bien plus compliquée quand on les étudie avec de puissants microscopes, appartiennent au groupe immense des Champignons.

FIG. 402. — *Morille.*

XXXVI

LES ALGUES

Les Algues (fig. 403-410) sont des plantes cryptogames, presque toujours aquatiques, dans lesquelles la couleur verte des feuilles, que nous voyons disparaître dans les

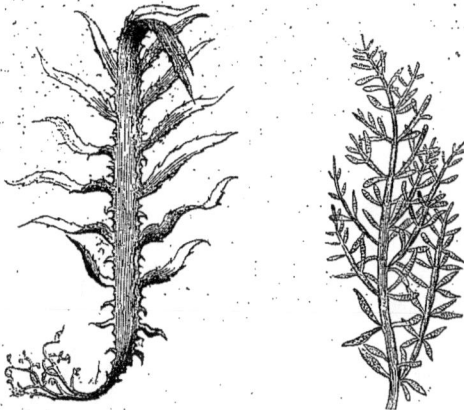

Fig. 403, 404. — *Algues marines.*

Champignons, reparaît souvent avec une grande richesse. Ainsi, ces masses en forme de filaments ou, de cheveux emmêlés dans tous les sens, qui sont souvent prises pour des mousses d'eau, et dont les fossés, les mares sont parfois remplis, sont les *Algues d'eau douce,* que l'on appelle des *Conferves*.

Les Algues qui vivent dans la mer sont vertes aussi quelquefois, soit en filaments, soit en lames minces et

FIG. 405.— *Fucus* (Algue marine). Fronde portant des vésieules et des fructifications aux extrémités.

fragiles. Mais on rencontre beaucoup d'autres couleurs dans les *Algues marines :* le vert bronzé ou noirâtre et le rouge plus ou moins pourpré. Ces Algues ont aussi des formes très variées, très élégantes le plus souvent, en tubes grêles, en plaques, en lames entières ou délicatement

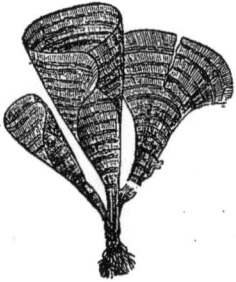

Fig. 406. — Algue marine.

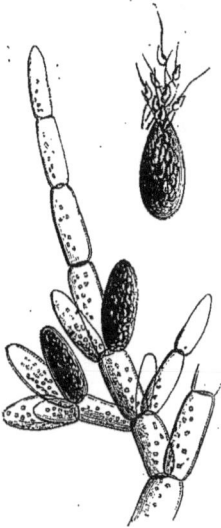

Fig. 407. — Algue ramifiée,
avec sacs renfermant des
corps reproducteurs.

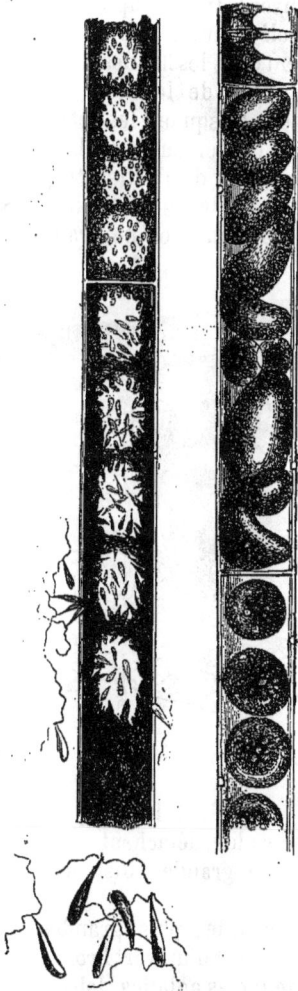

Fig. 408.—*Conferve*. Tubes cloisonnés
renfermant des organes reproducteurs mâles et femelles.

découpées, en arborescences souvent très compliquées
(fig. 403, 404, 406). Rien n'est joli comme toutes ces
Algues quand elles flottent librement dans les flaques d'eau
dont sont creusées les roches du bord de la mer. Rien
n'est charmant comme ces plantes, lorsqu'on les étale
sur un papier blanc, où elles se conservent très bien
si on a soin de garantir leurs couleurs de l'action trop
vive de la lumière. Très souvent les Algues sont fixées
à la roche même par une base, pourvue, non de vraies

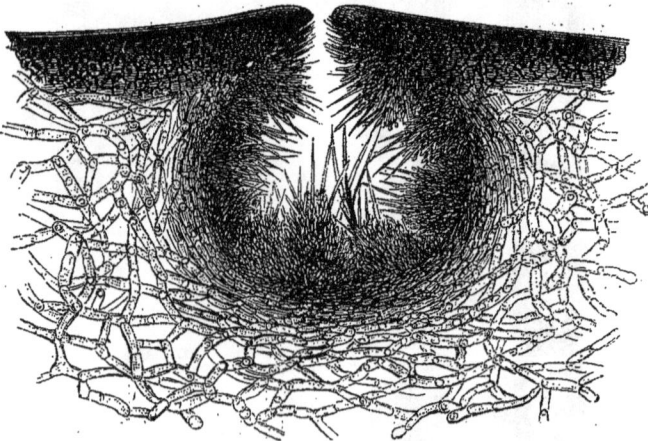

FIG. 409.— *Fucus*. Conceptacle mâle.

racines, mais des crampons qui rappellent les moyens
d'attache des Lichens ; les tempêtes les détachent souvent, pour les porter ensuite à de grandes distances
sur la plage.

Les *Fucus* (fig. 405, 409, 410) sont les plus grandes
des Algues de nos mers. Leur couleur est d'un vert bronze
foncé, et ils ont souvent la forme de lames aplaties, lobées
ou découpées: Plusieurs se soutiennent dans l'eau à l'aide
de poches pleines de gaz (fig. 405), et c'est là ce qui a valu
son nom au *Fucus vésiculeux*, espèce très commune sur

nos côtes, et dans laquelle on enveloppe assez souvent
le poisson qui est envoyé à Paris.

Outre ces renflements creux, ce *Fucus* en porte d'autres, situés à l'extrémité de ses divisions ; mais ceux-ci
sont plus pleins, spongieux, et leur surface présente un
grand nombre d'ouvertures très fines qui conduisent
dans des cavités en forme de bourse (fig. 409, 410).

Ces cavités sont souvent les analogues de ces écuelles

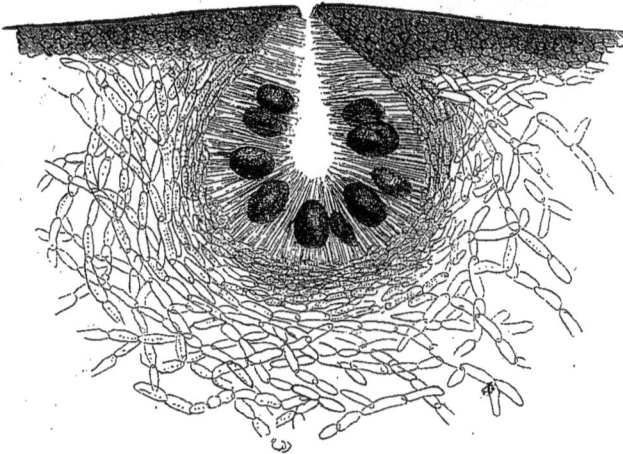

Fig. 410. — *Fucus*. Conceptacl femelle.

qui, dans les Lichens, renferment des *sporanges*. Elles sont
en effet tapissées de poches dans lesquelles se trouvent
les *spores* (fig. 410), et lorsque, dans la belle saison, ces
spores se détachent et quittent la plante pour aller germer
ailleurs et devenir de nouveaux pieds de jeune *Fucus*,
elles sortent par les petites ouvertures que nous venons
d'indiquer.

Mais il y a aussi de ces cavités qui répondent aux cor-
beilles des pieds mâles des Mousses, attendu que les
sacs dont elles sont tapissées, au lieu de renfermer des

spores, contiennent des corpuscules qui jouent ici le
même rôle que les grains de pollen dans les *Phanéro-*
games (fig. 409).

Et comme l'on a donné aux cavités dont nous parlons
le nom de *Conceptacles*, il y a dans ces Algues des *Concep-*
tacles mâles et des *Conceptacles femelles*, comme il y a
dans les Phanérogames des groupes de *fleurs mâles* et de
fleurs femelles; et l'Algue est dite *monoïque* ou *dioïque*,
suivant que les conceptacles mâles ou femelles sont situés
sur un même pied ou sur des pieds différents.

Les Algues sont quelquefois récoltées en abondance,
sous le nom de Varechs et de Goëmons, pour être répan-
dues comme engrais sur les champs. On en retire aussi
de la soude, de l'iode; il y a même de grandes Algues en
forme de lanières qui portent le nom de *Laminaires* et
dont on extrait du sucre.

Beaucoup d'Algues, notamment de celles qui vivent
dans l'eau douce et qui y figurent une sorte de mousse
épaisse et molle, le plus souvent de couleur verte, et qu'on
nomme *Conferves* (fig. 408), ne sont formées que de tubes,
avec des cloisons qui les séparent, à la façon d'une tige de
roseau, en un certain nombre de chambres; et c'est dans
certaines de ces chambres que se développent les spores
ou les corpuscules mobiles dans l'eau qui jouent dans ces
plantes, comme dans tant d'autres Cryptogames, le même
rôle que les grains de pollen.

FIN

SUJETS D'INTERROGATIONS ET DE COMPOSITIONS

Distinguer une tige souterraine d'une racine.

Qu'appelle-t-on feuilles alternes?

Caractères des stipules.

Distinguer les Liliacées des Amaryllidées ou des Iridées.

Comment sont en général les feuilles des Monocotylédones?

Qu'est-ce qu'un albumen?

Caractères des Pavots.

Qu'appelle-t-on feuilles composées?

Qu'est-ce qu'un bulbe?

Caractères des Garances.

En quoi les Labiées différent-elles des Scrofulariées?

Qu'est-ce qu'une plante monoïque, dioïque?

Caractères des Fougères. Qu'est-ce qu'un Prothalle?

En quoi consiste l'irrégularité de la fleur des Orchis?

Organisation des Champignons.

Comment divise-t-on les Composées?

Qu'est-ce qu'une fleur double?

Caractères des Ombellifères.

En quoi une Scrofulariée diffère-t-elle d'une Solanée?

Structure des Potirons.

Organisation de la fleur et du fruit de l'Oranger.

Caractères de la Vigne, de sa fleur et de son fruit.

Qu'est-ce qu'un capitule?

Organisation des fleurs des Graminées.

En quoi une Truffe diffère-t-elle d'un Agaric, d'un Cèpe?

Caractères généraux des Algues.

Qu'est-ce qu'un sporange et que contient-il?

Organisation des Primevères.

Caractères des Rosiers.

En quoi consiste le tubercule d'une Pomme de terre?

Description des principaux fruits comestibles des Rosacées.

Caractères d'une corolle papilionacée.

Organisation des Liserons.

A quoi reconnaît-on une gousse?

Description des fleurs d'une Giroflée.

Organisation des fleurs et des fruits d'un Sapin.

De quoi se compose une feuille?

Différencier l'Oseille et les Chénopodes.

Caractères des fleurs et fruits du Chêne.

De quoi se compose un embryon?

Description d'une Campanule.

En quoi les Géraniums différent-ils des Mauves?

Organisation des Mousses, des Lichens.

Caractères du Laurier-Rose.

Différencier le Ricin de l'Euphorbe et de la Mercuriale.

Comparaison des Potirons et des Melons.

Qu'est-ce qu'une baie, une drupe, un achaine, un caryopse?

Caractères des Prêles.

Différences entre un ovaire supère et un ovaire infère.

De quoi se compose une graine?

TABLE DES MATIÈRES

FIN DE LA TABLE DES MATIÈRES

PARIS. — IMPRIMERIE ÉMILE MARTINET, RUE MIGNON, 2.

LIBRAIRIE HACHETTE ET Cie

COURS D'ÉTUDES SCIENTIFIQUES

A L'USAGE DES CLASSES DE LETTRES

CONTENANT LES MATIÈRES INDIQUÉES PAR LES PROGRAMMES OFFICIELS

DU 2 AOUT 1880

Format in-16 avec figures, cartonné

~~~~~~

Arithmétique, suivie du tracé des figures les plus simples de la géométrie plane, par M. Maire, instituteur à Paris (classe préparatoire et classe de 8e). 1 vol. 1 fr.

Arithmétique et géométrie uuselle, par M. Pichot, censeur du lycée Fontanes (classes de 7e, 6e, et 5e). 1 vol. » »

Arithmétique élémentaire, par le même. (classes de 4e, 3e et philosophie). 1 vol. 2 fr.

Algèbre élémentaire, par le même. (classes de 3e, seconde et philosophie). 1 vol. 2 fr. 50

Cosmographie élémentaire, par le même (cl. de rhétorique). 1 vol. 2 fr. 50

Géométrie élémentaire, par M. Bos, inspecteur d'Académie (classes de 4e, 3e, seconde, rhétorique et philosophie). 1 vol. 2 fr.

Éléments d'histoire naturelle des animaux, par M. Perrier, professeur au Muséum d'histoire naturelle de Paris (classe de 8e). 1 vol. 2 fr. 50

Éléments de zoologie, par le même (classe de 5e). 1 vol. » »

Anatomie et physiologie animales par le même (classe de philosophie). 1 vol. » »

Éléments d'histoire naturelle des végétaux par M H. Baillon, professeur à la Faculté de médecine de Paris (cl. de 8e). 1 vol. 2 fr. 50

Eléments de botanique, par le même (classe de 4e). 1 vol. » »

Anatomie et physiologie végétales, par le même (classe de philosophie). 1 vol. » »

Éléments d'histoire naturelle des pierres et des terrains, par M. A. Delage, maître de conférences à l'École préparatoire à l'enseignement supérieur des sciences d'Alger (classe de 7e). 1 vol. » »

Éléments de géologie, par le même (classe de 4e). 1 vol. » »

Cours élémentaire d'histoire naturelle, par P. Gervais ;
  Zoologie (classe de 5e). 1 vol. 3 fr.
  Géologie et Botanique (classe de 4e). 1 vol. 3 fr.

Premiers éléments des sciences expérimentales, par M. Albert-Lévy (classe de 7e). 1 vol. 2 fr. 50

Notions élémentaires de physique et de chimie, par M. Privat-Deschanel, proviseur du lycée de Vanves (classe de 6e). 1 vol. 2 fr. 50

Notions élémentaires de physique, par MM. Privat Deschanel et Pichot, (classes de 3e, seconde, rhétorique et philosophie). 1 vol. 5 fr.

Éléments de physique, par M. Angot, ancien professeur au lycée Fontanes (classes de 3e, seconde, rhétorique et philosophie). 3 vol. Chaque volume. 2 fr.

Notions élémentaires de physique, par M. Boutet de Monvel, professeur au lycée Charlemagne (classes de 3e, seconde et rhétorique). 3 vol. Chaque vol 2 fr.

Notions de chimie, par le même (cl. de philosophie). 1 vol. 2 fr. 50

Notions de chimie, par M. Schutzenberger, professeur au Collège de France (classe de philosophie) 1 vol. » »

PARIS, IMPRIMERIE ÉMILE MARTINET, RUE MIGNON, 2